农作物主要病虫害发生危害

与综合防治技术

甘吉元　甘国珺　主编

甘肃科学技术出版社

图书在版编目（C I P）数据

农作物主要病虫害发生危害与综合防治技术 / 甘吉元，甘国珺主编 . -- 兰州：甘肃科学技术出版社，2021.2

ISBN 978-7-5424-2654-3

Ⅰ.①农… Ⅱ.①甘… ②甘… Ⅲ.①作物－病虫害防治－技术培训－教材 Ⅳ.①S435

中国版本图书馆CIP数据核字（2021）第032380号

农作物主要病虫害发生危害与综合防治技术

甘吉元　甘国珺　主编

责任编辑　刘　钊

封面设计　张　宇

出　版　甘肃科学技术出版社

社　址　兰州市曹家巷1号　730030

网　址　www.gskejipress.com

电　话　0931-8125103　（编辑部）　0931-8773237　（发行部）

京东官方旗舰店　https://mall.jd.com/index-655807.html

发　行　甘肃科学技术出版社　　　印　刷　甘肃城科工贸印刷有限公司

开　本　710毫米×1020毫米 1/16　印　张　11.25　插页 10　字　数190千

版　次　2021年4月第1版

印　次　2021年4月第1次印刷

印　数　1~3 500

书　号　ISBN 978-7-5424-2654-3　　　定　价　29.00元

彩图 1　温室茄果类主要病害原色图谱

番茄晚疫病病叶

番茄晚疫病病茎

番茄晚疫病病果

人参果晚疫病病果

番茄叶霉病叶背面病斑

番茄叶霉病叶正面病斑

番茄灰霉病病果

辣椒灰霉病病花

辣椒灰霉病病果

辣椒白粉病病叶

茄子绵疫病病果

番茄黄化曲叶病毒病

辣椒花叶病毒病

根结线虫病(番茄)

彩图 2　温室瓜类主要病害原色图谱

西瓜蔓枯病

西瓜白粉病

西瓜炭疽病

西瓜猝倒病

西葫芦枯萎病

西葫芦灰霉病

西葫芦病毒病

黄瓜细菌性角斑病

黄瓜白粉病病叶

黄瓜灰霉病病果

黄瓜霜霉病叶正面病斑

黄瓜霜霉病叶背面病斑

黄瓜感染枯萎病后萎蔫

黄瓜枯萎病病茎部

彩图3 温室作物重点虫害原色图谱

粉虱若虫

粉虱成虫

斑潜蝇幼虫

斑潜蝇成虫

斑潜蝇危害状

棉铃虫幼虫为害状

野蛞蝓

蜗牛

红蜘蛛

红蜘蛛为害人参果状

蚜虫为害辣椒嫩叶

蚜虫为害黄瓜瓜条

蓟马群聚辣椒花内

蓟马危害茄子果实

彩图 4　温室葡萄主要病害原色图谱

葡萄炭疽病病果

葡萄黑痘病病果

葡萄霜霉病老叶正面病斑

葡萄霜霉病老叶背面病斑

葡萄霜霉病叶正面症状

葡萄霜霉病叶背面症状

葡萄霜霉病病果

葡萄白粉病病果

葡萄白粉病病叶柄

葡萄白粉病病叶

葡萄灰霉病病果

葡萄灰霉病病茎

葡萄白腐病病果

葡萄白腐病侵染花芽

彩图 5　温室作物主要生理性病害原色图谱

番茄顶裂果

番茄空洞果

番茄绿背果

番茄乳突果

番茄脐腐果

番茄同心圆粗纹裂果

番茄落花　　　　　　　　　　　　番茄缺镁症

辣椒顶叶黄化　　　　　　　　　　辣椒畸形果

黄瓜大头瓜　　　　　　　　　　　黄瓜弯瓜

黄瓜金边叶　　　　　　　　　　　西瓜裂瓜

彩图 6 大田作物主要虫害原色图谱

小菜蛾

青笋霜霉病为害状

娃娃菜干烧心

娃娃菜霜霉病叶背霉层

玉米锈病

玉米红蜘蛛

枸杞瘿螨

枸杞木虱若虫

枸杞炭疽病病果

向日葵锈病

向日葵菌核病盘腐型

向日葵菌核病根腐型

马铃薯早疫病

马铃薯晚疫病病叶

总 序

产业兴旺是乡村振兴的基石，是实现农民增收、农业发展和农村繁荣的经济基础。产业兴旺的核心是农业现代化。实现农业现代化的途径是农业科技创新和成果的转化，而这一过程的核心是人。本书的作者是一批长期扎根基层、勤于实践、善于总结的广大农技人员，他们的探索创新，为当地产业发展提供了理论和技术的支撑，所编之书，目标明确，就是要通过培养，提升农民科学种田、养殖的水平，让最广大的农民群体在农村广阔天地大显身手，各尽其能，实现乡村振兴。

甘肃是一个特色鲜明的生态农业大省，多样的地形、气候、生物，造就了特色突出、内容丰富的多样农业生产方式和产品，节水农业、旱作农业、设施农业……古浪农业是甘肃农业的缩影，有高寒阴湿区、半干旱区、绿洲灌溉区、干旱荒漠区。在这片土地上，农业科技工作者，潜心研究、艰辛耕耘，创新并制定实施了一系列先进实用、接地气的农业技术，加快了当地农业科技进步和现代农业进程。依据资源条件和实践内容，他们凝练编写了这套涵盖设施修建、标准化生产、饲料加工、疫病防控、病虫害防治、农药使用等产业发展全过程的操作技能和方法的实用技术丛书，内容丰富，浅显易懂，操纵性强，是培养有文化、懂技术、善经营的现代农民的实用教程，适合广大基层农业工作者和生产者借鉴。教材的编写，技术的普及，将为甘肃省具有生态优势、生产优势的高原夏菜、中药材、肉羊、枸杞及设施果蔬等一批特色产业做强做优发挥积极作用，助力全省产业兴民、乡村振兴。

祝愿这套丛书能够早日出版发行，成为县域经济快速发展和推动乡村振兴的重要参考，为甘肃特色优势产业发展和高素质农民培育起到积极作用。

2020 年 9 月 3 日

前　言

　　农业的出路在现代化，农业现代化的关键在科技进步。加快农业技术成果转化推广应用，用科技助力产业兴旺，推动农业转型升级和高质量发展，增强农业农村发展新动能，对帮助农民致富、提高农民素质、富裕农民口袋和巩固脱贫成果、提升脱贫质量、对接乡村振兴均具有重要的现实意义。

　　系统总结农业实用技术，目的是：帮助广大农业生产者提高科技素养及专业技能，让农业科技成果真正从试验示范到大面积推广；进一步提高乡村产业发展的质量和效益；夯实农民增收后劲，增强农村自我发展能力。我们整合众多农业科技推广工作者之力，广泛收集资料，在生产一线不断改进，用生产实践证明应用成效，筛选出新时代乡村重点产业实用技术，用简单易学的方式、通俗易懂的文字总结归纳技术要点，经修改补充完善后汇编成册，形成农民实用技术培训丛书，对乡村振兴战略实施具有重要的指导性和参考价值。

　　《农作物主要病虫害发生危害与综合防治技术》一书定位于服务培训、提高农民技能和素质，突出科学性、针对性、实用性。重点介绍日光温室、拱形大棚瓜类、蔬菜、葡萄主要病虫害诊断识别、发生规律及综合防治技术；作物主要生理性病害田间症状、引致原因及调理措施；露地玉米、马铃薯、向日葵、枸杞、高原夏菜主要病虫害诊断识别、发生规律及综合防治技术；常用杀虫杀螨剂、杀菌剂、植物生长调节剂及生理性病害调理物质。还附有温室茄果类、瓜类、葡萄主要病害、虫害、生理性病害及露地作物病虫害原色图谱。可供新型农民职业培训、农村实用技术培训及温室种植农户、农民种植专业合作社、基层农技人员、农资从业人员等学习参考。

本书在编写过程中，得到甘肃省优秀专家、武威市农业技术推广中心甘国福推广研究员的大力帮助，在此表示感谢！由于专业水平、实践经验所限，书中定有错误与不足之处，敬请同行专家、读者批评指正。

编者

2020 年 4 月

目 录

第一章　温室、大棚主要病虫害综合防治技术

第一节　温室、大棚瓜菜主要病害
发生危害与综合防治

一、瓜菜苗期猝倒病

(一) 症状识别

苗期发病，大多从幼苗茎的近地表处开始，初为水渍状小斑点，后病部变淡褐色，病斑迅速扩大，绕茎一周，致茎部干枯、缢缩成线状，叶片尚未萎蔫即折倒，故名猝倒；在高湿情况下，病苗近根际处长出白色絮状菌物。

(二) 发病规律

影响猝倒病发生程度的主要因素是土壤温度、湿度、光照及苗床管理水平。当苗床温度低，幼苗生长缓慢，再遇高湿，则感病期拉长，易发生猝倒病，尤其苗期遇有连阴天气，光照不足，幼苗生长衰弱，发病重。当幼苗皮层木质化后，真叶长出，则逐步进入抗病阶段。

(三) 防治措施

1. 苗床土消毒

育苗基质装穴盘前，用 66.5%露洁（霜霉威盐酸盐）水剂 40 克+3%

佳苗灵（甲霜·噁霉灵）水剂 30 克、或 66.5%露洁（霜霉威盐酸盐）水剂 40 克+32%明沃（精甲·噁霉灵）悬浮剂 20 克，溶于 5 千克水中，将 1 方营养土喷拌搅匀后，堆闷 1~2 天后装穴盘、播种，可有效预防苗期猝倒病。

2. 药剂防治

（1）预防处方：

幼苗基本出齐后，可用 70%喜多生（丙森锌）可湿性粉剂 1 袋（25 克）+66.5%露洁（霜霉威盐酸盐）水剂 1 袋（20 克）、或 32%明沃（精甲·噁霉灵）悬浮剂 15 克+66.5%露洁（霜霉威盐酸盐）水剂 1 袋（20 克），兑 15 千克水喷淋预防。7 天左右喷 1 次，连喷 2~3 次。

（2）药剂救治：

苗床初显猝倒病苗时，应立即拔除病苗，可用 48%康莱（烯酰·氰霜唑）悬浮剂 1 袋（10 克）+66.5%露洁（霜霉威盐酸盐）水剂 2 袋（40 克）、或 30%辉泽（烯酰·咪鲜胺）悬浮剂 1 袋（20 克）+32.5%京彩（苯甲·嘧菌酯）悬浮剂 1 袋（10 克），兑 15 千克水喷雾救治，且对染病穴盘用药淋透。5~7 天喷 1 次，连喷 2~3 次。

二、番茄、人参果茎基腐病

茎基腐病是番茄、人参果上的一种重要病害。一旦发生，很难救治。轻者救活也成了弱苗，产量大减；重者不得不拔掉补栽。

（一）诊断识别

多发生在育苗后期至结果初期，尤其是定植后缓苗期间最易染病。初期主要为害茎基部，病部呈褐色椭圆形斑，逐渐凹陷，边缘明显，高湿时病部长出褐色轮纹或褐色稀疏的蛛丝状菌丝；随着病情继续发展，病斑逐渐扩大绕茎一周，植株中午时萎蔫明显，并逐渐直立死亡。

（二）发病规律

苗床温暖、高湿、播种过密、幼苗徒长，均可导致茎基腐病的发生；定植时栽植过深、或埋土过厚、或损伤茎基部、或栽植位置低于水位线、或灌水过多等，均导致茎基腐病的发生。套地膜后，高温高湿易诱发茎基腐病。

（三）防治措施

1. 选用无病壮苗

栽植无病壮苗是预防茎基腐病、早缓苗、早发育的基础。若苗盘幼苗下位叶发黄，则与苗龄偏长控水过度、或湿度过大染病等有关，应查明原因，以免定植后引致染病。

2. 农艺控害措施

定植时，要仔细剔除黄叶或茎基部已染病的病株；高垄全膜覆盖栽培，杜绝平沟覆膜边侧栽植；灌水沟的宽度、深度要合适，定植穴应打在水位线上沿，深度适宜；定植前，穴施 1%中保颗颗宝（嘧菌·噁霉灵）颗粒剂；夏季等高温时段，最好早晨或傍晚栽植；栽植时要注意保护茎基部的嫩茎，尽量不要伤及茎基部的绒毛；定植穴埋土要适度，一般不超过1厘米。定植后，灌水采取小水单沟膜下暗管或滴灌，严禁大水漫灌淹垄；深秋至早春雨雪天气或连阴天禁止灌水；套地膜时，膜孔不宜太小，尽量将幼苗茎秆置于穴孔中间，并注意控温，以防高温高湿伤及茎基部而诱发病害。

3. 药剂防治

（1）药剂蘸根：

番茄、人参果等定植前，可用 6%阿泰灵（寡糖·链蛋白）可湿性粉剂 2 袋（30 克）+3%佳苗灵（甲霜·噁霉灵）水剂 2 袋（30 克）+30%锐师（噻虫嗪）悬浮剂 1 套（20 克）+0.0025%金喷旺（烯腺·羟烯腺）可溶性粉剂1袋（20 克），兑水 30 千克，充分溶解后蘸根。浸蘸苗盘 10 余秒，待根系、基质吸足药液后，提起苗盘一角，淋掉多余药液后，随即定植、灌水。蘸过药液的苗子最好及时栽植，不可放置过夜后再定植。

（2）药剂淋茎基部

番茄、人参果等定植 7 天后、或套地膜前、或发病初期，可用 11%迎盾（精甲·咯·嘧菌）悬浮剂 1 袋（10 克）+3%佳苗灵（甲霜·噁霉灵）

水剂2袋（30克）或32%明沃（精甲·噁霉灵）悬浮剂10~15克兑15千克水，拧松喷头喷淋植株茎基部，并让药液充分渗入土内，可有效预防番茄、人参果茎基腐病。一般4间（100米²）喷淋15千克药液。

（3）药剂涂茎：

番茄、人参果等定植7天后、或发病初期，可用48%康莱（烯酰·氰霜唑）悬浮剂1袋（10克）、或52.5%盈恰（噁酮·霜脲氰）水分散粒剂1袋（10克）、或39%优绘（精甲·嘧菌酯）悬浮剂1袋（8毫升），兑水1.5~2.0千克，与面粉配成稠糊状，用毛笔涂抹地表以上3~5厘米茎部周围，可有效预防茎基腐病的发生。

（4）垄沟喷布药膜：

定植缓苗后覆盖地膜前，可用72%妥冻（霜脲·锰锌）可湿性粉剂1/3袋（33克）、或48%康莱（烯酰·氰霜唑）悬浮剂1袋（10克）、或52.5%盈恰（噁酮·霜脲氰）水分散粒剂1袋（10克）+3%佳苗灵（甲霜·噁霉灵）水剂2袋（30克）或32%明沃（精甲·噁霉灵）悬浮剂10~15克，兑15千克水均匀喷洒垄沟、垄面形成药膜，然后覆膜以预防茎基腐等病害。

三、黄瓜霜霉病

霜霉病害的暴发性、流行性、灾害性很强，是日光温室、塑料大棚黄瓜、甜瓜上最重要的叶斑病害。

（一）症状识别

黄瓜霜霉病属低等真菌病害，主要为害叶片，整个生育期均可发病，尤以成株期最易发病。多先由中位叶发病，逐渐向上部叶片扩展。初时叶背出现水渍状斑点，湿度大时病斑长出灰褐色霉层。叶正则渐显多角形黄褐色斑块。病情严重后，单个病斑迅速结成大块病斑，并迅速干枯，致使叶片边缘卷缩干枯呈"降落伞"而不得不提早拉秧，但病斑后期不穿孔。

（二）发病规律

病菌在日光温室黄瓜等作物上可以周年侵染，借助气流传播。病部产生的霜霉状霉层即为田间再次侵染菌源。主要借空气流动传播。潜伏期一般较短，生长季反复侵染。病害发生和流行与气候条件最为密切，温、湿度条件影响大。落到叶面的孢子萌发和侵入必须是在有水滴（膜）的情况下，再加上适宜的温度配合才能完成。温室的高湿、适温条件可导致病害的发生和发展，发病适宜温度为15℃~22℃，相对湿度高于83%时极易发病。棚膜质量差，棚内易拉雾、或易滴水，病害发生早而重；遇连续阴雨天、昼夜温差大、结露时间长、灌水过多、湿度偏大且通风不良，发病均重。

（三）防治措施

1. 减少和消灭菌源

收获后彻底清除温室内病株残体并深翻土壤；重病温室应换茬种植非寄主蔬菜；田间初现发病叶要及时摘除。

2. 选用优质棚膜

最好选用透光性好、增温速度快、消雾功能强、流淌性好、耐老化、保温效果好的棚膜，并注意保持棚膜清洁，为冬、春低温季节提高室温、降低湿度、创造不利于霜霉病发生的环境条件奠定基础。

3. 调控温湿度

实行四段变温（湿）管理，即上半天棚室温度25℃~30℃，湿度30%~70%；下半天温度25℃~30℃，湿度65%~90%；前半夜温度20℃~15℃，湿度95%~100%；后半夜温度15℃~10℃，湿度95%~100%，可有效控制黄瓜霜霉病的发生，还可兼防灰霉病等病害。

4. 合理灌水

实行膜下小水暗灌或滴灌，严禁沟内大水漫灌；深秋至早春低温季节，灌水宜在上午灌，温度高时可清晨灌，切忌傍晚灌水；寒流来临之前、阴雨雪天不宜灌水。

5. 药剂防治

（1）未发生霜霉病的温室：

黄瓜移栽后15天左右、或未发生霜霉病前，可用72%妥冻（霜脲·

锰锌）可湿性粉剂 1/3 袋（33 克）、或 75%聚亮（锰锌·嘧菌酯）可湿性粉剂 1 袋（20 克）、或 48%康莱（烯酰·氰霜唑）悬浮剂 1 袋（10 克）兑 15 千克水全株喷雾。视气温、棚内湿度等 7~10 天喷 1 次，连喷 2~3 次。

（2）初发霜霉病的温室：

方案 1：先用 24%明赞（霜脲·氰霜唑）悬浮剂 1/3 瓶（33 克），兑 15 千克水全株喷雾。待药后 3~5 天，再用 52.5%盈恰（噁酮·霜脲氰）水分散粒剂 1 袋（10 克）、或 39%优绘（精甲·嘧菌酯）悬浮剂 1~1.5 袋（8~12 毫升），兑 15 千克水全株喷雾。

方案 2：先用 30%立克多（氟胺·氰霜唑）悬浮剂 1/3 瓶（33 克），兑 15 千克水全株喷雾。待药后 3~5 天，再用 48%康莱（烯酰·氰霜唑）悬浮剂 1~2 袋（10~20 克）、或 39%优绘（精甲·嘧菌酯）悬浮剂 1~1.5 袋（8~12 毫升），兑 15 千克水全株喷雾。

（3）霜霉病发生较重的温室：

方案 1：先用 24%明赞（霜脲·氰霜唑）悬浮剂 1/3 瓶（33 克）+39%优绘（精甲·嘧菌酯）悬浮剂 1 袋（8 毫升），兑 15 千克水全株喷雾。待药后 3~5 天，再用 48%康莱（烯酰·氰霜唑）悬浮剂 1 袋（10 克）+52.5%盈恰（噁酮·霜脲氰）水分散粒剂 1 袋（10 克），兑 15 千克水全株喷雾。

方案 2：先用 30%立克多（氟胺·氰霜唑）悬浮剂 1/3 瓶（33 克），兑 15 千克水全株喷雾。待药后 3~5 天，再用 48%康莱（烯酰·氰霜唑）悬浮剂 1 袋（10 克）+52.5%盈恰（噁酮·霜脲氰）水分散粒剂 1 袋（10 克），兑 15 千克水全株喷雾。

四、番茄晚疫病

晚疫病是日光温室、塑料大棚番茄上发生普遍、流行迅速、为害严重的一种重要病害。

（一）症状识别

幼苗、成株均可发病，为害叶、茎、果，但以成株期的叶、茎和青果受害较重。叶片染病多从温室前端、或滴水处的植株下部叶片的叶尖、叶缘开始，初形成暗绿色水浸状边缘不明显的病斑，扩大后呈褐色，病斑周围与健组织交界处为浅绿色。湿度大时叶背病健交界处出现白霉，干燥时病部干枯，脆而易破。茎部病斑最初呈黑色凹陷，后变黑褐腐烂，易引起主茎病部以上枝叶萎蔫。青果染病，近果柄处形成油浸状、黄褐色病斑，后变黑褐色至棕褐色，稍凹陷，病部较硬，边缘呈明显的云纹状。湿度大时病部生长白霉，病果迅速腐烂。

（二）发病规律

番茄晚疫病是一种低温高湿、可多次重复侵染的流行性病害，晚秋至早春日光温室、塑料大棚容易大发生和流行。病菌可以在温室冬季栽培的番茄上为害并越冬。借气流和灌溉水、水滴传播引起发病，在田间形成中心病株。田间中心病株出现后，若条件适宜，往往几天内全田就会普遍发病。低温、高湿是该病发生、流行的主要条件，病菌萌发、侵入必须有饱和的相对湿度或叶面有水膜（滴）。温室昼夜温差大，气温低于15℃，相对湿度高于85%时容易发病。若相对湿度长时间在85%~100%时，晚疫病就要大流行。偏施氮肥、过度密植、茎叶茂密、持续阴雨（雪）、光照不足、灌水过多、大水串沟漫灌以及棚膜质量差或棚膜未拉展，水滴流淌严重，均适宜病害发生与蔓延。

（三）防治措施

1. 选用优质棚膜

选用优质棚膜是深秋至早春低温季节提高夜间温度、降低棚室湿度，抑制低温、高湿型病害的关键措施。提倡选用透光性、保温性、消雾性、流淌性、清洁性、耐用性俱佳的PO涂层棚膜。

2. 高垄栽培，科学灌水

采用高垄全膜覆盖栽培，深秋至早春温室番茄晚疫病易发生。季节灌水，一要坚持看作物、看土壤、看天气；二要做到阴天不浇晴天浇、下午不浇上午浇、浇暗水不浇明水、浇温水不浇冷水、浇小水不浇大水。严禁强降温来临前、连阴雪雨天浇灌水。

3. 提高夜温，控制湿度

深秋至早春气温较低时，温室、大棚番茄最易发生晚疫病。温室管理的重点是尽力使夜间温度不低于 10℃、延缓植株结露的时间、控制结露的程度。为此应配套落实清洁棚膜、适时拉帘（阴雨雪天也要充分利用散射光）、收风口、盖帘子、多层覆盖、加立帘、增设碘钨灯、夜间熏棚福等蓄温、保温、增温措施。

4. 及时摘除病叶、病果

深秋至早春病害易发季节，每天都要仔细检查棚内发病情况，尤其是棚膜滴水处及夜间温度较低且易结露的前廊部位，应作为检查的重点区域；发现中心病株后，及时把病叶、病果摘除，带出室外妥善处理。同时要及时清扫棚内走道、行间的残枝、枯叶等。

5. 药剂防治

（1）药剂预防：

番茄晚疫病流行快、灾害性强，药剂预防很关键。番茄定植后 15 天左右、或温室 9 月下旬至次年 4 月份，拱形大棚 5~6 月份，病害易发时段，可用 70%喜多生（丙森锌）可湿性粉剂 1 袋（25 克）、或 72%妥冻（霜脲·锰锌）可湿性粉剂 1/3 袋（33 克）、或 75%聚亮（锰锌·嘧菌酯）可湿性粉剂 1 袋（20 克）、或 48%康莱（烯酰·氰霜唑）悬浮剂 1 袋（10 克）兑 15 千克水全株喷雾。视气温、棚内湿度等 7~10 天喷 1 次，连喷 3~4 次。

（2）药剂救治：

A. 初发晚疫病的温室：

方案 1：先用 24%明赞（霜脲·氰霜唑）悬浮剂 1/3 瓶（33 克），兑 15 千克水全株喷雾。待药后 3~5 天，再用 52.5%盈恰（噁酮·霜脲氰）水分散粒剂 1 袋（10 克）、或 39%优绘（精甲·嘧菌酯）悬浮剂 1~1.5 袋（8~12 毫升），兑 15 千克水全株喷雾。

方案 2：先用 30%立克多（氟胺·氰霜唑）悬浮剂 1/3 瓶（33 克），兑 15 千克水全株喷雾。待药后 3~5 天，再用 48%康莱（烯酰·氰霜唑）悬浮

剂 1~2 袋（10~20 克）、或 39% 优绘（精甲·嘧菌酯）悬浮剂 1~1.5 袋（8~
12 毫升），兑 15 千克水全株喷雾。

B. 晚疫病发生较重的温室：

方案 1：先用 24% 明赞（霜脲·氰霜唑）悬浮剂 1/3 瓶（33 克）+39% 优
绘（精甲·嘧菌酯）悬浮剂 1 袋（8 毫升），兑 15 千克水全株喷雾。待药
后 3~5 天，再用 48% 康莱（烯酰·氰霜唑）悬浮剂 1 袋（10 克）+52.5% 盈恰
（噁酮·霜脲氰）水分散粒剂 1 袋（10 克），兑 15 千克水全株喷雾。

方案 2：先用 30% 立克多（氟胺·氰霜唑）悬浮剂 1/3 瓶（33 克），兑
15 千克水全株喷雾。待药后 3~5 天，再用 48% 康莱（烯酰·氰霜唑）悬浮
剂 1 袋（10 克）+52.5% 盈恰（噁酮·霜脲氰）水分散粒剂 1 袋（10 克），兑
15 千克水全株喷雾。

C. 番茄茎秆病斑救治技巧：

番茄茎秆初发病时，可用 48% 康莱（烯酰·氰霜唑）悬浮剂 1 袋（10
克）、或 52.5% 盈恰（噁酮·霜脲氰）水分散粒剂 1 袋（10 克），兑水 1.5~
2.0 千克溶解后，与面粉调制成稠糊状，轻轻刮掉病斑上疤痕后，将糊状
药液均匀涂抹其上即可，救治效果显著。

五、瓜菜灰霉病

灰霉病害是瓜类、蔬菜上的重要病害，几乎所有种类瓜类、蔬菜都有
灰霉病发生和为害。番茄、茄子、辣椒、黄瓜、人参果、西葫芦等作物的
灰霉病，都是当前日光温室、塑料大棚生产中最重要的病害。

（一）症状识别

主要为害果实，也能为害叶片、茎蔓。黄瓜、西葫芦、茄子、番茄、
人参果等主要为害幼瓜、幼果，多由残花先发病，向上扩展至整个果实。
果实病部变褐、腐烂，表面密生灰色霉层。受害残花或瓜条脱落，落到叶
片或茎蔓上均可引起叶片或茎蔓发病。叶片发病，多以落上的残花为中
心，向四周扩展，形成大型近圆形病斑，表面着生少量灰色霉层。病花或
病烂瓜落到茎蔓上，引起茎蔓变褐、腐烂，病重时可使下部数节腐烂，茎

蔓折断，植株死亡。番茄、辣椒一般先在叶片上发病，并多由叶缘向内呈"V"形扩展。果实多从顶端开始发病，也有的由近果蒂、果柄处发病，均向果面扩展。感病果实初呈灰白色，似水烫状，进而软化腐烂（注意别误诊为软腐病），后长出大量灰色霉菌层，果实最后失水僵化留在枝头或脱落。硬质番茄果实上也会出现灰霉引致的鬼脸斑，但别误诊为溃疡病。

（二）发病规律

病菌从伤口、衰老的器官和花器侵入。番茄、西葫芦、黄瓜、辣椒、茄子等不易脱落的花瓣、柱头是容易感病的部位，致使果实感病软化。花期是灰霉病侵染高峰期，在果实膨大时低温天气灌水后病果剧增。病菌借气流、露水传播和农事操作传带进行再侵染。温室、大棚的低温、高湿、弱光条件，是造成灰霉病发生和蔓延的主导因素，尤其是晚秋至早春连阴雨（雪）天气多的年份，气温偏低，光照不足，灌水过多过勤，棚膜滴（漏）水，放风排湿不及时，室内湿度大，十分有利于灰霉病的发生和蔓延。密度过大，植株生长衰弱，均利于灰霉病的发生和扩散，病势明显加重。

（三）防治措施

1. 农艺控害措施

要配套、有序落实选用优质棚膜，高垄全膜覆盖栽培，晴天上午膜下小水暗灌，禁止阴雨雪天浇水，适时拉帘升温，清洁棚膜增光，科学放风排湿，适时收风口回放帘子，夜间熏棚福等蓄温、保温、增温措施。尽力将棚室内夜温保持在10℃以上、湿度控制在75%以下，就能够有效地控制灰霉病的发生。

2. 摘除病叶、病果

田间初见发病后应及时摘除病叶、病果，并带出棚外妥善处理。摘除黄瓜、西葫芦已开始萎蔫的花瓣，摇落清扫辣椒残花，可预防灰霉病。

3. 药剂防治

（1）药剂预防：

药剂喷雾。结瓜（果）后的每次灌水前、或寒流来临前，可用40%

施灰乐（嘧霉胺）悬浮剂 1/3 瓶（33 克）、或 50%悦购（腐霉利）可湿性粉剂 1/3 袋（33 克）、或 1000 亿芽孢/克冠蓝（枯草芽孢杆菌）可湿性粉剂 1 袋（25 克），兑 15 千克水交替喷雾预防。

防止蘸花传病。将蘸花改为用小喷壶喷花，并在配制好的 1 千克蘸花激素药液中，加入 40%施灰乐（嘧霉胺）悬浮剂 3 毫升、或 50%卉友（咯菌腈）0.5 克、或 62%赛德福（嘧环·咯菌腈）水分散粒剂 1 克混匀后喷花。

夜间熏烟防病。深秋至早春病害易发生季节，可用 10%灰度（腐霉利）烟剂每 2~2.5 间 1 小袋（40 克）均匀布放在温室走道上，晚上 10 点后点燃，闭棚过夜，次日早晨通风，隔 7~10 天熏 1 次。

（2）药剂救治：

初发灰霉病的温室、大棚：灰霉病救治难度大，发生初期应及时用药救治。可用 40%明迪（异菌·氟啶胺）悬浮剂 1/3 瓶（33 克）、或 40%世顶（嘧霉·啶酰菌）悬浮剂 1 瓶（30 克）、或 62%赛德福（嘧环·咯菌腈）水分散粒剂 1 袋（5 克）、或 50%道合（啶酰菌胺）水分散粒剂 1 袋（15 克）、或 38%蓝楷（吡唑·啶酰菌）悬浮剂 1 袋（15 克）、或 50%卉友（咯菌腈）可湿性粉剂 1~2 袋（3~6 克），兑 15 千克水交替喷雾防治，5~7 天喷 1 次，连喷 3~4 次。

灰霉病发生较重的温室、大棚：发病重时需加大药量，减少用药间隔时间。可用 40%明迪（异菌·氟啶胺）悬浮剂 1/3 瓶（33 克）+50%道合（啶酰菌胺）水分散粒剂 1 袋（15 克）、或 40%世顶（嘧霉·啶酰菌）悬浮剂 1 瓶（30 克）+50%卉友（咯菌腈）可湿性粉剂 1 袋（3 克）、或 62%赛德福（嘧环·咯菌腈）水分散粒剂 1 袋（5 克）+38%蓝楷（吡唑·啶酰菌）悬浮剂 1 袋（15 克）、或 50%道合（啶酰菌胺）水分散粒剂 1 袋（33 克）+40%施灰乐（嘧霉胺）悬浮剂 1/3 瓶（33 克）兑 15 千克水交替喷雾防治，5~7 天喷 1 次，连喷 2~3 次。

茎部病斑救治技巧：番茄、辣椒的茎蔓、叶柄感染灰霉病初期，用 40%明迪（异菌·氟啶胺）悬浮剂 1 袋（20 克）、或 50%道合（啶酰菌胺）

水分散粒剂 1 袋（15 克）、或 40%世顶（嘧霉·啶酰菌）悬浮剂 1 瓶（30 克）、或 50%卉友（咯菌腈）可湿性粉剂 1 袋（3 克），加水 1.5~2.0 千克与面粉调制成糊糊状，轻轻刮掉病斑上疤痕后，将糊状药液均匀涂抹其上即可，可有效控制病部发展。

六、瓜菜白粉病

白粉病是瓜类、蔬菜上发生普遍的一类病害，辣椒、黄瓜、甜瓜、西瓜、西葫芦、番茄、豇豆等作物上的白粉病为害较重。

（一）症状识别

全生育期均可以感染白粉病。主要感染叶片，发病重时感染枝干和茎蔓。多先从下部叶片开始染病，逐渐向上发展。初时在叶片正、或背面产生小粉点或白色丝状物，逐渐扩展呈大小不等的白色圆形粉斑，后向四周扩展成边缘不明显的连片白粉，严重时整个叶片布满白粉。辣椒发病，多先从植株下部叶片背面产生白色粉状物，叶正面则出现褪绿浅黄色斑，最后扩展为边缘不明显的褪绿黄色斑驳。严重时病斑密布，全叶发黄，病叶大量早落，最后仅残留顶部数片嫩叶，甚至脱落成光秆，严重影响产量和品质。番茄等茄果类蔬菜白粉病叶面白粉层稀疏，隐约可见。瓜类、豆类作物白粉病叶面白粉层较密，明显。白粉初期鲜白，逐渐转为灰白色。抹去白粉可见叶面褪绿，枯黄变脆，重时病叶枯死。

田间诊断时注意：西葫芦有的品种，叶片生长一段时间后，会出现"银斑"，这是由品种特性决定的，不要误诊为白粉病；辣椒病情严重时，叶背会有一层白色粉层，但不要误诊为霜霉病；辣椒上的白粉病斑治愈后钙化干枯无粉层，不要误诊为褐斑病。

（二）发病规律

白粉病菌均为专性寄生菌。病菌在日光温室作物上可以周年侵染、安全越冬，借助风、雨传播，在整个生长季可反复侵染多次，遇条件适宜，病害往往会在短期内造成流行。病菌喜高温、高湿，但耐干燥。温暖潮湿、干燥无常的种植环境，田间荫蔽，空气不流动，易发病和流行；植株生长不良，抗病力下降，病情加重。

（三）防治措施

1. 清除杂草

收获时，彻底清除枯枝、烂叶；定植前，彻底清除温室墙体、走道、前廊等处的杂草。

2. 药剂防治

（1）药剂预防：

白粉病在苗床阶段就会侵染，培育无病壮苗离不开药剂预防。瓜菜作物2片真叶出现后，即可用32.5%京彩（苯甲·嘧菌酯）悬浮剂1袋（10克）+70%喜多生（丙森锌）可湿性粉剂1袋（25克）、或32.5%京彩（苯甲·嘧菌酯）悬浮剂1袋（10克）+43%翠富（戊唑醇）悬浮剂1袋（6毫升），兑15千克水交替均匀喷雾。间隔10天左右喷1次，连喷2~3次。

定植缓苗后、或白粉病易发期，可用75%秀灿（肟菌·戊唑醇）可湿性粉剂1袋（10克）+70%喜多生（丙森锌）可湿性粉剂1袋（25克）、或80%翠果（戊唑醇）水分散粒剂1袋（8克）+70%喜多生（丙森锌）可湿性粉剂1袋（25克）、或45%益卉（苯并烯氟菌唑·嘧菌酯）水分散粒剂1袋（5克），或32.5%京彩（苯甲·嘧菌酯）悬浮剂1袋（10克）+43%翠富（戊唑醇）悬浮剂2袋（12毫升），兑15千克水交替均匀喷雾，间隔7~10天喷1次，连喷2~3次。

（2）药剂救治：

病害发生初期，可用以下处方救治，间隔期7天左右，视病情连续喷3~4次。

处方1：32.5%京彩（苯甲·嘧菌酯）悬浮剂1袋（10克）+43%翠富（戊唑醇）悬浮剂2袋（12毫升），兑15千克水喷雾。

处方2：75%秀灿（肟菌·戊唑醇）可湿性粉剂1袋（10克）+32.5%京彩（苯甲·嘧菌酯）悬浮剂1袋（10克），兑15千克水喷雾。

处方3：38%蓝楷（唑醚·啶酰菌）悬浮剂1袋（15克）+43%翠富（戊唑醇）悬浮剂2袋（12毫升），兑15千克水喷雾。

处方4：45%益卉（苯并烯氟菌唑·嘧菌酯）水分散粒剂2袋（10克）兑15千克水喷雾。

特别提醒：幼苗时喷防，治白粉病的药剂浓度要低；辣椒等作物慎用含丙环唑的单剂或复配制剂；高温、干燥时段白粉病重发时，先用清水喷洒植株、冲洗病菌，待植株无水膜后，再喷施防治药剂，这样防治效果更好；温室、大棚作物对含硫制剂及硫磺粉敏感，且钢梁、铁丝等易锈，最好别用。

七、瓜菜疫病

疫病是一类发展迅速、流行性强、毁灭性大的病害，故称之为"疫病"。茄果类、瓜类等多种蔬菜、瓜类，都有疫病发生。其中辣（甜）椒疫病、黄瓜疫病、甜瓜疫病、西瓜疫病都是发生普遍、为害严重的病害。

（一）症状识别

苗期、成株期均可发病，茎秆、叶片、果实都能感病。苗期发病，茎基部呈暗绿色水浸状软腐或猝倒，有的茎基部呈黑褐色，幼苗立枯而死；叶片感病，多从叶缘开始侵染，病斑圆形或近圆形，边缘黄绿色，中央暗绿色，迅速扩展至病叶腐烂或枯死；果实染病开始于果蒂部，初生暗绿色水浸状斑，迅速变褐色并软腐，湿度大时表面长出白色霉层，即病原孢子囊。

（二）发病规律

病菌主要在病残体上、土壤中及种子上越冬。日光温室冬季能够安全生产瓜类、蔬菜，病菌也可以周年侵染，以灌溉水传播最为重要。病部发病适宜温度25℃~30℃，相对湿度高于85%时极易发病。辣椒栽植过深、或套膜后的高温高湿，有利病菌侵染茎基部。温室内种植过密，空气湿度过大，灌水过量或大水漫灌淹垄，通风不良以及连作、施用未腐熟的农家肥均能引起严重发病。棚室低洼积水处、棚膜滴水的地方先发病，后向四周蔓延。

（三）防治措施

1. 高温闷棚

土传病害严重的温室，利用夏季高温休闲时段，彻底清除上茬作物残体、深耕、灌足水、再覆以地膜，密闭温室、清洁棚膜后，高温闷棚20~30天（详细方法可参考本章根结线虫病害防治部分）。

2. 农业控害措施

高垄全膜覆盖栽培，杜绝平沟边侧栽苗，栽植部位应保持在浇水时的水位线。垄沟平整，防止灌水后积水。套地膜时，膜孔不宜太小，尽量将幼苗茎秆置于穴孔中间，并注意控温，以防高温高湿伤及茎基部而诱发病害。采用单沟膜下小水暗灌或滴灌，避免灌水串灌、淹垄，尤其辣椒茎基部不要淹水。严禁雨雪天、连阴天、寒流来临前灌水。发现中心病株，要及时拔除，并用石灰撒入病穴内消毒，防止病菌扩散。

3. 药剂预防

（1）药剂蘸根：

辣椒等作物等定植前，可用6%阿泰灵（寡糖·链蛋白）可湿性粉剂2袋(30克)+3%佳苗灵（甲霜·噁霉灵）水剂2袋(30克)+30%锐师（噻虫嗪）悬浮剂1套(20克)+0.0025%金喷旺（烯腺·羟烯腺）可溶粉剂1袋(20克)，兑30千克水，充分溶解后蘸根。

（2）药剂淋茎基部：

辣椒等作物定植7天后、或套地膜前、或发病初期，可用11%迎盾（精甲·咯·嘧菌）悬浮剂1袋（10克）+3%佳苗灵（甲霜·噁霉灵）水剂2袋（30克）或32%明沃（精甲·噁霉灵）悬浮剂10~15克兑15千克水，拧松喷头喷淋植株茎基部，并让药液充分渗入土内，可有效预防辣椒苗期茎基部感染疫病。一般4间喷淋15千克药液。

（3）垄沟喷布药膜：

定植缓苗后覆盖地膜前，可用72%妥冻（霜脲·锰锌）可湿性粉剂1/3袋（33克）、或48%康莱（烯酰·氰霜唑）悬浮剂1袋（10克）、或52.5%盈恰（噁酮·霜脲氰）水分散粒剂1袋(10克)+3%佳苗灵（甲霜·噁霉灵）水剂 2 袋（30 克）、或 32%明沃（精甲·噁霉灵）悬浮剂 10~15 克，兑 15 千克水均匀喷洒垄沟、垄面形成药膜，然后覆膜，以杀灭病菌、预防感染。

（4）叶面喷雾：

定植 15 天后、或疫病易发生时段，可用 70%喜多生(丙森锌)可湿性粉剂 1 袋（25 克）、或 72%妥冻（霜脲·锰锌）可湿性粉剂 1/3 袋（33 克）、或 75%聚亮（锰锌·嘧菌酯）可湿性粉剂 1 袋（20 克）、或 48%康莱（烯酰·氰霜唑）悬浮剂 1 袋（10 克），兑 15 千克水全株喷雾。视气温、棚内湿度等 7~10 天喷 1 次，连喷 2~3 次。

4. 药剂救治

茎基部染病后的救治：发现茎基部病株要及时拔除，可用 11%迎盾(精甲·咯·嘧菌)悬浮剂 1 袋（10 克)+32%明沃（精甲·噁霉灵）悬浮剂 10~15 克，兑 15 千克水，拧松喷头喷淋植株茎基部，并让药液充分渗入土内。

叶片、果实染病后的救治：发病初期，首先用 24%明赞（霜脲·氰霜唑）悬浮剂 1/3 瓶（33 克）、或 30%立克多（氟胺·氰霜唑）悬浮剂 1/3 瓶（33 克），兑 15 千克水全株喷雾。待药后 3~5 天，再用 52.5%盈恰（噁酮·霜脲氰）水分散粒剂 1 袋（10 克）、或 39%优绘（精甲·嘧菌酯）悬浮剂 1~1.5 袋（8~12 毫升）、或 48%康莱（烯酰·氰霜唑）悬浮剂 1~2 袋（10~20 克），兑 15 千克水全株喷雾。

八、瓜类枯萎病

枯萎病是温室内常见的一类重要病害，瓜类、茄果类、豆类等多种蔬菜都有枯萎病发生。其中未嫁接的黄瓜、西葫芦枯萎病则是毁灭性病害。

（一）症状识别

病症一般发生在开花至结果初期，感病植株初期发病先表现为上部或部分叶片、侧蔓中午时间呈萎蔫状，看似因蒸腾过度而脱水，晚上恢复原状态。而后萎蔫部位或叶片不断扩大增多，逐步遍及全株，致使整株萎蔫枯死。接近地面茎部染病初期，分泌出白色乳状物，后渐成为琥珀色胶质物。茎蔓先缢缩，后纵裂如麻，但根系尚好。剖开茎秆可见维管束变褐。湿度大时感病茎秆表面有灰白色霉状物。

（二）发病规律

病菌在土壤、病残体及未腐熟的带菌粪肥中越冬，可存活8年以上。从伤口、根系的根毛侵入。发病适宜温度24℃~25℃，土壤含水量高或忽高忽低，不利于根系生长和伤口愈合，而病菌却易侵入引起发病。连作地土壤中带病菌积累多，病情重；种植多年温室比新建温室病重。田间积水、偏施氮肥、施用生粪或未腐熟粪肥、线虫多时，均有利于发病。田间出现零星病株后，极易随水传播而蔓延成灾。

（三）防治措施

1. 嫁接育苗

采用黑籽南瓜与甜瓜、黄瓜，瓠瓜与西瓜等嫁接进行换根处理的嫁接苗，不但高抗枯萎病，而且耐低温、吸肥吸水力强，特别适合温室栽培，是当前防治因温室重茬造成的枯萎病最有效、最经济的办法。靠接苗成活断根要适宜，过长或定植后埋土过深，靠接部位会因接触潮土产生不定根而染病的。

2. 高温闷棚

上茬作物收获后，利用夏季高温休闲时段，适时高温闷棚对控制枯萎病具有积极作用。具体方法详见本章根结线虫病害防治部分内容。

3. 农艺措施

高垄覆膜种植，实行膜下小水单沟暗灌或滴灌，禁止串灌或淹垄，使植株根际土壤通气良好，促进根系健壮；农肥要充分腐熟，并捣细深施，以防伤根。

4. 增施菌肥

撒施：定植前，结合施肥整地，20间温室大棚，可用金冠菌3袋（120千克）、或宝易生物有机肥3袋（120千克），均匀撒施于土表，再翻旋均匀，即可开沟、起垄、定植，可防治枯萎病、根腐病等土传病害。若不用农家肥，每间温室大棚，可用金冠菌或宝易生物有机肥0.5袋（20千克）为好。

穴施：定植前，20 间左右的温室大棚，可用中保粉钻 1 袋（2.5 千克）、或沃丰康灌根宝（复合微生物菌剂）1 袋（5 千克），与适量细土混匀后穴施，随即定植、灌水。

冲施：结合浇过缓苗水、或作物生长期、或发病初期，20 间左右的温室大棚，可随水冲施劲土冲施肥 1 桶（12 千克）、或奥世康（含枯草芽孢杆菌 50 亿/毫升）1 壶（2 升）。

4. 药剂防治

（1）药剂预防：

药剂泡沟：定植前，结合浇灌泡沟水，10 间左右温室用 70%托富宁（甲基硫菌灵）可湿性粉剂 500 克、或 25%炭息（溴菌·多菌灵）可湿性粉剂 500 克，与适量水稀释后随水冲施。

药剂蘸根：定植时，可用 6%阿泰灵（寡糖·链蛋白）可湿性粉剂 2 袋（30 克）+3%佳苗灵（甲霜·噁霉灵）水剂 2 袋（30 克）+30%锐师（噻虫嗪）悬浮剂 1 套（20 克）+0.0025%金喷旺（烯腺·羟烯腺）可溶粉剂 1 袋（20 克），兑 30 千克水充分溶解后蘸根，并随即定植、灌水。

药剂灌根：定植时未穴施菌剂、未蘸根的棚室，定植后可用 11%迎盾（精甲·咯·嘧菌）悬浮剂 1 袋（10 克）+3%佳苗灵（甲霜·噁霉灵）水剂 2 袋（30 克）兑 1 桶水（15 千克）灌定植穴，每株至少灌 100 毫升药液。药后 2~3 天再浇定苗水。

（2）药剂救治：

药剂灌根：田间出现零星病株后，拔除病株，立即用 32%明沃（精甲·噁霉灵）悬浮剂 15 克+25%炭息（溴菌·多菌灵）可湿性粉剂 50 克、或 11%迎盾（精甲·咯·嘧菌）悬浮剂 1 袋（10 毫升）+25%炭息（溴菌·多菌灵）可湿性粉剂 50 克，兑 15 千克水灌根。主要灌病株穴及健株根部，每株至少灌 1 纸杯药液，7~10 天后再灌 1 次。

药剂冲施：结合浇水，20 间左右的温室、大棚，可用 25%炭息（溴菌·多菌灵）可湿性粉剂 2 袋（1000 克）+11%迎盾（精甲·咯·嘧菌）悬浮剂 2 瓶（200 毫升）或 30% 好苗（甲霜·噁霉灵）水剂 1 瓶（500 毫升），与适量水稀释后随水冲施。最好药后 10~15 天再冲施 1 次。

九、瓜菜蔓枯病

（一）症状识别

成株期发病，主要为害茎蔓和叶片，有时也可为害果实。茎蔓发病，多在节部出现梭形或椭圆形病斑，逐渐扩展可达几厘米或更长。病部灰白色，有琥珀色胶质物溢出，后病部变黄褐色，干缩，其上散生小黑点。最后病部纵裂呈乱麻状，但维管束不变褐色，引起蔓枯，使病部以上茎叶枯死。叶片发病，多由叶缘产生半圆形病斑，或自叶缘向内呈"V"字形病斑发展。病斑逐渐扩展，有时直径可达 20~30 厘米，甚至更大，偶尔达到半个叶片。病斑淡褐色或黄褐色，隐约可见不明显轮纹，其上散生小黑点，后期病斑易破裂。

（二）发病规律

蔓枯病主要为害甜瓜、西瓜、黄瓜、西葫芦等瓜类作物。病菌可在温室瓜类作物上为害越冬。通过气流、灌溉水或农事操作传播。病菌喜温湿条件，在气温 20℃~25℃，相对湿度 85% 以上易发病。特别是灌水过量、寒流来临前浇水或棚膜滴水严重而使棚内湿度大时最易发病。瓜类重茬种植、种植密度大、通风透光不良、氮肥过多、植株徒长时或肥料不足、生长衰弱，也易发病且病势发展快。

（三）防治措施

1. 农艺措施

高垄全膜覆盖栽培；膜下小水单沟暗灌、或滴灌，禁止串灌或淹垄，寒流来临前 1~2 天最好别浇水；选用优质棚膜，保持棚膜干净；科学增温排湿，降低棚内湿度；发现零星病叶，应及时摘除；连阴天或早上露水大时勿整秧。

2. 药剂防治

(1) 药剂预防：

定植后、授粉坐瓜前，可用70%喜多生（丙森锌）可湿性粉剂1袋（25克）+32.5%京彩（苯甲·嘧菌酯）悬浮剂1袋（10克）、或43%翠富（戊唑醇）悬浮剂2袋（12毫升）+70%喜多生（丙森锌）可湿性粉剂1袋（25克），兑15千克水喷雾预防。

瓜坐住以后，可用45%益卉（苯并烯氟菌唑·嘧菌酯）水分散粒剂1袋（5克）、或75%秀灿（肟菌·戊唑醇）可湿性粉剂1袋（10克）+32.5%京彩（苯甲·嘧菌酯）悬浮剂1袋（10克）、或43%翠富（戊唑醇）悬浮剂2袋（12毫升）+75%秀灿（肟菌·戊唑醇）可湿性粉剂1袋（10克）、或25%康秀（吡唑醚菌酯）悬浮剂1袋（10克）+75%秀灿（肟菌·戊唑醇）可湿性粉剂1袋（10克），兑15千克水交替喷雾，间隔期7~10天，连喷2~3次。

(2) 药剂救治：

药剂喷雾：田间发现零星病株后，及时用以下处方喷雾救治，5~7天喷1次，连喷2~3次。

处方1：45%益卉（苯并烯氟菌唑·嘧菌酯）水分散粒剂2袋（10克），兑15千克水全株喷雾。

处方2：75%秀灿（肟菌·戊唑醇）可湿性粉剂1袋（10克）+32.5%京彩（苯甲·嘧菌酯）悬浮剂1~2袋（10~20克），兑15千克水全株喷雾。

处方3：32.5%京彩（苯甲·嘧菌酯）悬浮剂1~2袋（10~20克）+43%翠富（戊唑醇）悬浮剂2袋（12毫升），兑15千克水全株喷雾。

处方4：25%康秀（吡唑醚菌酯）悬浮剂2袋（20克）+75%秀灿（肟菌·戊唑醇）可湿性粉剂1袋（10克），兑15千克水全株喷雾。

药剂涂茎：茎蔓感染病斑初期，可用45%益卉（苯并烯氟菌唑·嘧菌酯）水分散粒剂1克、或75%秀灿（肟菌·戊唑醇）可湿性粉剂1克，兑水0.5千克，溶解后与面粉配制成稠糊状，涂抹患处。

十、瓜菜炭疽病

炭疽病是瓜类、蔬菜上较为重要的一类病害，特别是温室、大棚黄瓜、西瓜、甜瓜、辣椒、茄子、菜豆等炭疽病是当前生产中的重要病害。

（一）症状识别

该病在瓜类、蔬菜作物整个生育期内均可发生，以生长中、后期危害严重。叶片、叶柄、果实上均可发病。开始时出现水渍状圆形小斑点，扩大后病斑呈圆形、近圆形或纺锤形，淡红褐色或黑褐色，病斑边缘有黄色或紫色晕圈，中央产生许多黑色小粒点，有时小粒点排列成同心轮纹状，湿度大时病斑中央溢出大量橘红色黏质物，干燥时病斑易开裂穿孔。

（二）发病规律

病菌借雨水反溅和气流传播蔓延，农事操作、昆虫也能传播，再次侵染频繁。温室温度低，多雨、多雾，叶面结水珠或吐水、结露的生长环境下病害发生重。温暖潮湿，灌水过勤或灌水过量，通风透光排湿不良，种植过密，施肥不足，氮肥过多，连茬种植等均易发病。

（三）防治措施

1. 种子处理

用 55℃ 温水浸种 15 分钟或用福尔马林 1 份：水 100 份浸种 30 分钟，或 50% 多菌灵 1 克兑水 500 毫升浸种 60 分钟后播种。

2. 棚室消毒

定植前，温室、大棚可用 20% 百菌清烟剂 2 间 1 小袋（20 克），于傍晚均匀分布点燃，密闭熏蒸一夜消毒。也可用 32.5% 京彩（苯甲·嘧菌酯）悬浮剂 1 袋（10 克）+25% 炭息（溴菌·多菌灵）可湿性粉剂 40~50 克，兑 1 喷雾器水对钢架、棚膜等喷雾杀菌处理。

3. 药剂防治

发病前、或田间发现零星病株后，及时用以下处方喷雾救治，5~7 天喷 1 次，连喷 2~3 次。

处方 1：45% 益卉（苯并烯氟菌唑·嘧菌酯）水分散粒剂 2 袋（10

克），兑 15 千克水全株喷雾。

处方 2：32.5%京彩（苯甲·嘧菌酯）悬浮剂 1~2 袋（10~20 克）+43%翠富（戊唑醇）悬浮剂 2 袋（12 毫升），兑 15 千克水全株喷雾。

处方 3：75%秀灿（肟菌·戊唑醇）可湿性粉剂 1 袋（10 克）+32.5%京彩（苯甲·嘧菌酯）悬浮剂 1~2 袋（10~20 克），兑 15 千克水全株喷雾。

处方 4：25%炭息（溴菌·多菌灵）可湿性粉剂 20~40 克+75%秀灿（肟菌·戊唑醇）可湿性粉剂 1 袋（10 克），兑 15 千克水全株喷雾。

十一、瓜菜早疫病

早疫类病害发生普遍，其中番茄、茄子、人参果等早疫病是日光温室生产中的重要病害。

（一）症状识别

成株期以叶片发病普遍而严重。叶片发病多先从下部叶片发病，向上叶片发展。初时叶片上形成褪绿小斑点，后逐渐扩大成大小不一的圆形或不规则形病斑。病斑褐色至暗褐色，边缘多具有浅绿色或黄色晕环，病斑中部具有明显的同心突起轮纹，重时多个病斑可联合成不规则形大斑，造成叶片早枯。叶柄病斑椭圆形，深褐色至黑色，有轮纹，病斑大时引起叶片垂萎、枯死。茎部病斑椭圆形、长梭形或不规则形，褐色至深褐色，稍下陷，轮纹不明显，表面生有灰黑色霉状物。果实发病多发生在果蒂附近，产生近圆形或椭圆形，直径 10~30 毫米凹陷的病斑。病斑褐色至黑褐色，轮纹明显，上面布满黑色霉层。病斑比较硬，一般不腐烂，后期有时从病斑处开裂。

（二）发病规律

病菌主要随病残体在土壤越冬。通过气流、灌溉水进行传播。温室温度连续在 21℃左右，相对湿度 70%以上连续 2 天以上时病害易流行。连茬、密度过大、灌水过多、基肥不足、结果过多等造成环境高湿及植株生长衰弱等因素，均有利于早疫病发生与流行。

（三）药剂防治

（1）药剂预防：

定植 15 天后，可用 70%喜多生（丙森锌）可湿性粉剂 1 袋（25 克）、或 70%喜多生（丙森锌）可湿性粉剂 1 袋（25 克）+32.5%京彩（苯甲·嘧菌酯）悬浮剂 1 袋（10 克）、或 43%翠富（戊唑醇）悬浮剂 2 袋（12 毫升）+70%喜多生（丙森锌）可湿性粉剂 1 袋（25 克）、25%炭息（溴菌·多菌灵）可湿性粉剂 20~40 克，兑 15 千克水喷雾预防。7~10 天喷 1 次，连喷 2~3 次。

（2）药剂救治：

喷雾救治：田间发现零星病株后，及时用以下处方喷雾救治，5~7 天喷 1 次，连喷 2~3 次。

处方 1：45%益卉（苯并烯氟菌唑·嘧菌酯）水分散粒剂 2 袋（10 克），兑 15 千克水全株喷雾。

处方 2：32.5%京彩（苯甲·嘧菌酯）悬浮剂 1~2 袋（10~20 克）+43%翠富（戊唑醇）悬浮剂 2 袋（12 毫升）或 80%翠果（戊唑醇）水分散粒剂 1 袋（8 克），兑 15 千克水全株喷雾。

处方 3：75%秀灿（肟菌·戊唑醇）可湿性粉剂 1 袋（10 克）+32.5%京彩（苯甲·嘧菌酯）悬浮剂 1~2 袋（10~20 克），兑 15 千克水全株喷雾。

处方 4：25%炭息（溴菌·多菌灵）可湿性粉剂 20~40 克+75%秀灿（肟菌·戊唑醇）可湿性粉剂 1 袋（10 克），兑 15 千克水全株喷雾。

茎秆病斑涂药：茎部病斑初期后，可用 45%益卉（苯并烯氟菌唑·嘧菌酯）水分散粒剂 1 克、或 75%秀灿（肟菌·戊唑醇）可湿性粉剂 1 克兑水 0.5 千克，溶解后与面粉配制成稠糊状，用毛笔涂抹患处。

十二、瓜菜叶霉病

叶霉类病害主要有番茄叶霉病、茄子叶霉病等，但以番茄叶霉病发生普遍，为害严重。

（一）症状识别

一般只为害叶片，偶尔茎、花、果实也发病。多从植株下部叶片先发病，向上部叶片发展。发病初期，叶片正面出现不定形、边缘不明显的淡黄色或黄绿色斑，后病斑相对的叶片背面密生灰紫色霉层。严重时，病斑多连片，叶片变黄卷曲，致使植株在盛果期提早拉秧。

（二）发病规律

病菌在日光温室番茄等作物上可以安全越冬、周年侵染。田间发病后，借气流传播。高温高湿是病害发生的有利条件，气温24℃~25℃、相对湿度90%以上、弱光有利于病害发生。温室遇阴雨闷热且光照不足时，叶霉病极易暴发流行。

（三）防治措施

1. 农艺措施

配套落实选用优质棚膜、高垄覆膜栽培、膜下单沟暗灌、连阴天不灌水、科学增温排湿等增产、防病措施。

2. 药剂防治

病害发生前、或发生初期，可用43%翠富（戊唑醇）悬浮剂2袋（12毫升）、或80%翠果（戊唑醇）水分散粒剂1袋（8克）+32.5%京彩（苯甲·嘧菌酯）悬浮剂1袋（10克）、或75%秀灿（肟菌·戊唑醇）可湿性粉剂1袋（10克）+32.5%京彩（苯甲·嘧菌酯）悬浮剂1袋（10克）、或25%康秀（吡唑醚菌酯）悬浮剂1袋（10克）+75%秀灿（肟菌·戊唑醇）可湿性粉剂1袋（10克），兑15千克水交替全株喷雾。间隔7~10天喷防1次，连喷2~3次。重点喷下位叶的叶背面。

病害发生较重时，可用32.5%京彩（苯甲·嘧菌酯）悬浮剂2袋（20克）+43%翠富（戊唑醇）悬浮剂3袋（18毫升）、或75%秀灿（肟菌·戊唑醇）可湿性粉剂1袋（10克）+32.5%京彩（苯甲·嘧菌酯）悬浮剂2袋（20克）、或45%益卉（苯并烯氟菌唑·嘧菌酯）水分散粒剂1袋（10克）+25%炭息（溴菌·多菌灵）可湿性粉剂40~50克、或38%蓝楷（吡唑·啶酰菌）悬浮剂1袋（15克）+43%翠富（戊唑醇）悬浮剂2袋（12毫升），兑15千克水全株喷雾。交替喷雾，间隔5~7天喷防1次，连喷2~3次。

十三、瓜菜根腐病

（一）症状识别

瓜类、茄果类、豆类蔬菜根腐病分布广，发生普遍，为害严重。主要受害部位是根和根茎（地表以下的茎）。病部初呈水渍状，后变浅褐色至深褐色，腐烂。病部缢缩不明显或稍缢缩，病部腐烂处的维管束变褐，但不向上发展，有别于枯萎病。后期病部多呈糟朽状，仅留丛状维管束，或皮层易剥离露出褐色的木质部。最后病株多萎蔫、枯死。

（二）发病规律

病菌在病残体、土壤、粪肥中越冬，可存活 10 年以上，是温室主要的初侵来源。借助灌溉水流传播，也可随病土移动、施用带菌粪肥及农具等传播。发病后，再由水滴反溅及流水传播蔓延，进行再侵染，遇适宜发病条件病程 2 周即现死株。田间发病多表现为阴湿多雨时，大水漫灌、田间积水、通风透光差，均易于发病。粪肥带菌，连作地块也易诱发病害。根结线虫多，农事操作造成伤根等，均能加重发病。

（三）防治措施

1. 增施菌肥

撒施：定植前，结合施肥整地，20 间温室、大棚，可用金冠菌 3 袋（120 千克）、或宝易生物有机肥 3 袋（120 千克），均匀撒施于土表，再翻旋均匀，即可开沟、起垄、定植，可防治枯萎病、根腐病等土传病害。若不用农家肥，每间温室、大棚，可用金冠菌或宝易生物有机肥 0.5 袋（20千克）为好。

穴施：定植前，20 间左右的温室、大棚，可用土巴丁 1 袋（1 千克）、或沃丰康灌根宝（复合微生物菌剂）1 袋（5 千克），与适量细土混匀后穴施，随即定植、灌水。

冲施：结合浇灌缓苗水、或作物生长期、或发病初期，20 间左右的温室、大棚，可随水冲施劲土冲施肥 1 桶（12 千克）、或奥世康（含枯草芽孢杆菌 50 亿/毫升）1 壶（2 升）。

2. 药剂防治

（1）药剂预防：

药剂泡沟：定植前，结合浇灌泡沟水，10 间左右温室用 70%托富宁（甲基硫菌灵）可湿性粉剂 500 克、或 25%炭息（溴菌·多菌灵）可湿性粉剂 500 克，与适量水稀释后随水冲施。

药剂蘸根：定植时，可用 6%阿泰灵（寡糖·链蛋白）可湿性粉剂 2 袋（30 克）+3%佳苗灵（甲霜·噁霉灵）水剂 2 袋（30 克）+30%锐师（噻虫嗪）悬浮剂 1 套（20 克）+0.0025%金喷旺（烯腺·羟烯腺）可溶粉剂 1 袋（20 克），兑 30 千克水充分溶解后蘸根，并随即定植、灌水。

药剂灌根：定植时未穴施菌剂、未蘸根的棚室，定植后可用 11%迎盾（精甲·咯·嘧菌）悬浮剂 1 袋（10 克）+3%佳苗灵（甲霜·噁霉灵）水剂 2 袋（30 克）兑 15 千克水灌定植穴，每株至少灌 100 毫升药液。药后 2~3 天再浇定苗水。

（2）药剂救治：

药剂灌根：田间出现零星病株后，拔除病株，立即用 32%明沃（精甲·噁霉灵）悬浮剂 15 克+25%炭息（溴菌·多菌灵）可湿性粉剂 50 克、或 11%迎盾（精甲·咯·嘧菌）悬浮剂 1 袋（10 毫升）+25%炭息（溴菌·多菌灵）可湿性粉剂 50 克，兑 15 千克水灌根。主要灌病株穴及健株根部，每株至少灌 1 纸杯药液，7~10 天后再灌 1 次。

药剂冲施：结合浇水，20 间左右的温室、大棚，可用 25%炭息（溴菌·多菌灵）可湿性粉剂 2 袋（1000 克）+11%迎盾（精甲·咯·嘧菌）悬浮剂 2 瓶（200 毫升）、或 30%好苗（甲霜·噁霉灵）水剂 1 瓶（500 毫升），与适量水稀释后随水冲施。最好药后 10~15 天再冲施 1 次。

十四、茄子绵疫病

（一）症状识别

各生育阶段均可发病。幼苗期发病，茎基部呈水渍状，发展很快，常引发猝倒，致使幼苗枯死。成株期叶片发病，产生水渍状不规则形病斑，具有明显的轮纹，但边缘不明显，褐色或紫褐色，潮湿时病斑上长出少量白霉。茎部受害呈水渍状缢缩，有时折断，并长有白霉。花器受侵染后，呈褐色腐烂。果实受害最重，初生水渍状圆形小斑点，边缘不明显，稍凹陷，迅速扩展延及半个至整个果实。病果病部黄褐色或褐色，逐渐收缩、变软，表面出现皱纹。湿度大时，病部长满茂密的白色絮状霉层。病果后期多脱落或干瘪收缩成黑褐色僵果。

（二）发病规律

温室初侵染来自土壤中病残体上的病菌。再次侵染主要来自病果部长出的大量孢子囊，借风雨和灌溉水传播，病害可进行多次再侵染。低温、高湿、弱光条件有利于病害发生与流行。大水漫灌、沟内积水、管理粗放、偏施氮肥、种植过密、连茬栽培等，也会加剧病害蔓延。

（三）防治措施

1. 农业控害措施

高垄全膜覆盖栽培，单沟膜下小水暗灌或滴灌，避免灌水串灌、淹垄，严禁雨雪天、连阴天、寒流来临前灌水。

2. 药剂防治

（1）药剂预防：

茄子定植后15天左右、或温室9月下旬至次年4月份是病害易发时段，可用70%喜多生（丙森锌）可湿性粉剂1袋（25克）、或72%妥冻（霜脲·锰锌）可湿性粉剂1/3袋（33克）、或75%聚亮（锰锌·嘧菌酯）可湿性粉剂1袋（20克）、或48%康莱（烯酰·氰霜唑）悬浮剂1袋（10克），兑15千克水全株喷雾。视气温、棚内湿度等7~10天喷1次，连喷2~3次。

（2）药剂救治：

A. 初发绵疫病的温室：

方案1：先用24%明赞（霜脲·氰霜唑）悬浮剂1/3瓶（33克），兑15千克水全株喷雾。待药后3~5天，再用52.5%盈恰（噁酮·霜脲氰）水分散粒剂1袋（10克）、或39%优绘（精甲·嘧菌酯）悬浮剂1~1.5袋（8~

12毫升），兑15千克水全株喷雾。

方案2：先用30%立克多（氟胺·氰霜唑）悬浮剂1/3瓶（33克），兑15千克水全株喷雾。待药后3~5天，再用48%康莱（烯酰·氰霜唑）悬浮剂1~2袋（10~20克）、或39%优绘（精甲·嘧菌酯）悬浮剂1~1.5袋（8~12毫升），兑15千克水全株喷雾。

B. 绵疫病发生较重的温室：

方案1：先用24%明赞（霜脲·氰霜唑）悬浮剂1/3瓶（33克）+39%优绘（精甲·嘧菌酯）悬浮剂1袋（8毫升），兑15千克水全株喷雾。待药后3~5天，再用48%康莱（烯酰·氰霜唑）悬浮剂1袋（10克）+52.5%盈恰（噁酮·霜脲氰）水分散粒剂1袋（10克），兑15千克水全株喷雾。

方案2：先用30%立克多（氟胺·氰霜唑）悬浮剂1/3瓶（33克），兑15千克水全株喷雾。待药后3~5天，再用48%康莱（烯酰·氰霜唑）悬浮剂1袋（10克）+52.5%盈恰（噁酮·霜脲氰）水分散粒剂1袋（10克），兑15千克水全株喷雾。

十五、瓜菜煤污病

（一）症状识别

煤污病是日光温室、塑料大棚瓜类、蔬菜上的一种普通病害，主要为害叶片和果实。叶片染病，在叶片表面先产生黑色小霉点，扩展后呈大小不等的圆形黑点霉斑，严重时黑色霉斑覆满叶片表面。果实染病，初期霉斑可用手抹去，时间稍长，抹去霉层后在果面可见散生的小褐点。

（二）发病规律

病菌主要以菌丝体和分生孢子在病残体上或土壤中越冬，靠分生孢子侵染和传播蔓延。在田间分生孢子可借风雨传播，蚜虫、粉虱重时极易诱发煤污病。

（三）防治措施

1. 药剂预防

重点是防治烟粉虱、白粉虱及蚜虫。具体措施有风口设置防虫网、室内悬挂黄斑及药剂熏、喷防治。详细方法见第一章第二节虫害防治部分。

2. 药剂救治

病害发生初期，可用以下处方救治，间隔期 7 天左右，视病情连续喷 2~3 次。

处方 1：32.5%京彩（苯甲·嘧菌酯）悬浮剂 1 袋（10 克）+43%翠富（戊唑醇）悬浮剂 2 袋（12 毫升），兑 15 千克水喷雾。

处方 2：75%秀灿（肟菌·戊唑醇）可湿性粉剂 1 袋（10 克）+32.5%京彩（苯甲·嘧菌酯）悬浮剂 1 袋（10 克），兑 15 千克水喷雾。

处方 3：38%蓝楷（唑醚·啶酰菌）悬浮剂 1 袋（15 克）+80%翠果（戊唑醇）水分散粒剂 1 袋（8 克）、或 43%翠富（戊唑醇）悬浮剂 2 袋（12 毫升），兑 15 千克水喷雾。

十六、黄瓜细菌性角斑病

黄瓜角斑病是温室、大棚黄瓜上重要的细菌性病害，且多发生在深秋至早春季节。

（一）症状识别

可侵染叶片、叶柄、茎、瓜条。苗期发病时，子叶上形成圆形和半圆形的褐色斑，稍凹陷，后期叶干枯；成株期叶片上初见水渍状圆形褪绿斑点，扩大后因受叶脉限制呈多角形褐色斑，外绕黄色晕圈。潮湿时，病斑背面溢出白色菌脓，干燥时病斑干裂，形成穿孔。茎和瓜条上的病斑干裂溃烂，严重时甚至烂到种子上，有臭味，干燥后呈乳白色，并留有裂痕。

（二）发病规律

病菌主要随种子和病残体在土壤内越冬。既可种子表面带菌也可种子内部带菌。一般先由气孔、水孔、伤口侵入，田间黄瓜植株发病后的病部细菌，借风雨、灌溉水、昆虫传播，农事操作也可传播。病害侵染发病较快，在条件适宜时潜育期仅 3~4 天，因此再侵染频繁，易于流行成灾。发病适温为 24℃~25℃，85%以上的高湿度。田间湿度大、结露严重是诱发病害的决定因素。管理不善，肥料缺乏，植株衰弱，或偏施氮肥，植株徒长，发病均重。

（三）防治措施

1. 种子消毒

用 50℃温水浸种 20 分钟，洗净后催芽播种；或用 1%高锰酸钾（药 10 克：水 1 升）浸 10 分钟后播种。

2. 降低湿度

深秋至早春，注重科学灌水、增温、保温、通风、排湿等措施的配套落实，尽力提高棚室夜温，降低棚内湿度，对预防、救治病害至关重要。

3. 药剂防治

（1）药剂预防：

温室、大棚早上有结露时，就应开展药剂预防。可用 3%科献（中生菌素）可湿性粉剂 1 袋（20 克）、或 4%中保镇卫（春雷菌素）水剂 1/3 瓶（33 克）、或 30%扫细（琥胶肥酸铜）悬浮剂 1 袋（25 克），兑 15 千克水喷雾，7~10 天喷防 1 次。

（2）药剂救治：

病害发生初期，可用 80%邦超（烯酰·噻霉酮）水分散粒剂 1 袋（15 克），兑 15 千克水喷雾，还可兼治霜霉病。也可用 40%涂园清（春雷·喹啉铜）悬浮剂 1/3 瓶（33 克）、或 30%扫细（琥胶肥酸铜）悬浮剂 2 袋（50 克），兑 15 千克水喷雾，隔 5~7 天再喷 1 次，连喷 2~3 次。

十七、番茄细菌性溃疡病

番茄细菌性溃疡病是世界上公认的一种毁灭性病害，其传播速度快、为害严重，早已被中国列为国内植物检疫对象。近年该病在部分温室种植区域发生较重，且扩散蔓延趋势明显。

（一）症状识别

番茄溃疡病是一种通过种子传播的维管束系统病害。幼苗期至结果期都可以发病。其发病症状特点：一是半边疯。初时植株一侧叶片边缘凋萎，逐渐向上卷曲，随后全叶失绿，逐渐变褐枯死，垂悬于茎上而不脱落，似干旱缺水枯死状。二是髓褐色，茎中空。病叶柄基部及其周围茎秆维管束开始变褐，后病茎增粗，常生大量气生根，髓部褐色，茎中空。三是溢菌脓。多雨或湿度大时，病茎开裂，常溢出菌脓，干燥后形成白色污状物。四是鸟眼斑。青果受害后，在果面上形成直径 3 毫米左右圆形病斑，外圈具白色晕圈，似鸟眼状，称鸟眼斑。此为该病特有的症状，这种症状由再侵染引起，常不与其他症状同株发生。不要把蓟马危害番茄果实引致的肿胀斑误诊为溃疡病果。

（二）发病规律

病菌可附着在种子内外和病残体上越冬。种子带菌率 1% 时就能迅速引起病害流行。带菌种子、种苗以及病果是病害远距离传播的主要途径。病残体上的病菌在土壤中可存活 2~3 年，是定植后的主要侵染源。病菌在田间主要靠雨水、灌溉水、整枝打杈，特别是带露水作业传播。病菌主要由各种伤口侵入寄主，也可以从叶片毛状体、果皮直接侵入。湿度大时，还能经气孔、水孔侵入。病害多发生在温暖潮湿的条件下，高湿、结露时间长是发病的重要条件，连阴天气易促使病害流行。

（三）防治措施

1. 种子消毒

先用清水浸泡 3~4 小时，再用 1% 高锰酸钾（药 10 克∶水 1 升）浸 10 分钟后催芽。

2. 高温闷棚

上茬作物收获后，利用夏季休闲高温季节，及时、科学、有效地进行高温消毒是预防病害的重要措施之一。具体方法详见根结线虫病害防治的相关内容。

3. 农艺防病

提倡膜下滴灌或单沟浅灌，严禁串灌。温室内有露水时不要整枝打杈，以防伤口染病。

4. 药剂防治

（1）药剂预防：

整地时未施菌肥的棚室，可结合浇灌泡沟水，8~10 间棚用 30%扫细（琥胶肥酸铜）悬浮剂 1 瓶（1 千克），用适量水溶解后随水冲施。

整地时施了菌肥的棚室，可结合浇灌养花水，8~10 间棚用 30%扫细（琥胶肥酸铜）悬浮剂 1 瓶（1 千克），用适量水溶解后随水冲施。

番茄已坐住 3 穗果时，可结合浇水 20 间左右棚室用 77%蓝沃（氢氧化铜）可湿性粉剂 1 袋（1 千克），用适量水溶解后随水冲施。

（2）药剂救治：

药剂冲施：发现病株及时拔除，深埋或烧毁，并用生石灰对病穴进行消毒。8~10 间棚用 30%扫细（琥胶肥酸铜）悬浮剂 1 瓶（1 千克），用适量水溶解后随水冲施。间隔 1 次水后，再用 77%蓝沃（氢氧化铜）可湿性粉剂 1 袋（1 千克），用适量水溶解后随水冲施 20 间左右棚室。

药剂喷雾：发病初期，可用 40%涂园清（春雷·喹啉铜）悬浮剂 1/3 瓶（33 克）、或 30%扫细（琥胶肥酸铜）悬浮剂 2 袋（50 克）、或 4%中保镇卫（春雷菌素）水剂 1/3 瓶（33 克），兑 15 千克水喷雾，隔 5~7 天再喷 1 次，连喷 2~3 次。

十八、番茄细菌性斑疹病

（一）症状识别

主要为害叶、茎、叶柄、果柄、花蕾和果实，以叶片、茎秆、叶柄受害最明显。叶片染病，开始呈水渍状小点，随后产生深褐色至黑色不规则斑点，直径 2~4 毫米，斑点周围有或无黄色晕圈。湿度大时，病斑后期可见发亮的菌脓。叶柄染病产生黑色斑点或不规则形黑色长条斑，但病斑周围无黄色晕圈。病斑易连成斑块，严重时可使一段叶柄变黑。茎秆染病，首先形成米粒状大小的斑点，后逐渐扩大成水浸状病斑，且周围有黄色晕圈。随着病斑的逐渐增多和扩大，颜色由透明色到灰色，再到褐色，最后形成黑褐色，形状由斑点扩大为椭圆，最后病斑连片形成不规则形。

但褐色病斑仅限表皮层，不往茎秆内渗透。花（果）柄染病产生椭圆形或不规则形黑色长条斑，但病斑周围无黄色晕圈。花蕾受害，在萼片上形成许多黑点，连片时使萼片干枯，不能正常开花或提早脱落。幼嫩果染病，果面初期的小斑点稍隆起，果实近成熟时病斑周围往往仍保持较长时间的绿色。病斑附近果肉略凹陷，病斑周围黑色，中间色浅并有轻微凹陷。

（二）发病规律

病菌可随种子做远距离传播。播种带病菌的种子，幼苗就可以染病。病苗定植后开始传入大田，并通过雨水飞溅、昆虫及整枝、打杈、采收等农事操作进行传播或再侵染。低温、潮湿、连阴及灌水不当、棚膜滴水等高湿环境有利发病。温度 25℃ 以下、相对湿度 80% 以上的条件有利于病害发生。

（三）防治措施

1. 种子消毒

育苗前，可用 0.6% 醋酸溶液浸种 24 小时，或用 5% 盐酸浸种 5~10 小时，或用 1.05% 次氯酸钠浸种 20~40 分钟。浸种后用清水冲洗掉药液，稍晾干后再催芽。

2. 药剂防治

（1）药剂预防：

育苗期：培育无病壮苗是控害关键。2 叶 1 心后，可用 3% 科献（中生菌素）可湿性粉剂 1 袋（20 克）、或 4% 中保镇卫（春雷菌素）水剂 1/3 瓶（33 克）、或 30% 扫细（琥胶肥酸铜）悬浮剂 1 袋（25 克），兑 15 千克水交替喷雾，间隔 7 天喷 1 次，连喷 2~3 次。

定植后：定植缓苗后，可用 30% 扫细（琥胶肥酸铜）悬浮剂 1 袋（25 克）、或 40% 涂园清（春雷·喹啉铜）悬浮剂 1/3 瓶（33 克），兑 15 千克水交替喷雾，间隔 7~10 喷 1 次，连喷 2~3 次。

（2）药剂救治：

发现中心病株后，可用 40% 涂园清（春雷·喹啉铜）悬浮剂 1/3 瓶（33 克）、或 30% 扫细（琥胶肥酸铜）悬浮剂 2 袋（50 克）、或 80% 邦超（烯酰·噻霉酮）水分散粒剂 1 袋（15 克）、或 3% 辉润（噻霉酮）微乳剂 2 袋（32 克），兑 15 千克水喷雾防治，5~7 天喷 1 次，连喷 2~3 次。喷雾时要上下喷匀，雾滴要细；棚膜上也要喷药，以免病菌随雾滴传播。

十九、温室作物病毒病

温室作物病毒病有种类渐多、症状复杂、救治难度大、损失较重等特点。番茄黄化曲叶病毒病、番茄褪绿病毒病、番茄斑萎病毒病、辣椒黄化病毒病、辣椒斑驳病毒病，都是近十年传入武威，并蔓延成灾的病毒病害。

（一）症状识别

1. 黄化曲叶病毒病

黄化曲叶病毒病（简称 TY 病毒）主要危害番茄，具有暴发突然、扩展迅速、危害性强、无法治疗等特点，是一种毁灭性的番茄病害。番茄植株感染病毒后，初期主要表现为生长迟缓或停滞，节间变短，植株明显矮化。病株顶部复叶严重扭曲、下弯，褶皱簇状。叶片变小变厚，叶质脆硬，叶片有褶皱、向上卷曲，叶片边缘至叶脉区域黄化。植株上部叶片症状典型，下部老叶症状不明显。番茄染病后，坐果困难，果实僵化不膨大，或膨大速度极慢，果实变小，成熟期果实不能正常转色，失去商品价值，导致减产或绝收。

2. 褪绿病毒病

主要危害番茄，多于定植后显症。初时，中下部叶片叶脉间显褪绿黄化症状。进入结果期后，病株叶片表现出明显的脉间褪绿黄化，边缘轻微上卷，且局部出现红褐色坏死小斑点。后期叶脉浓绿，脉间褪绿黄化，变厚变脆且易折，最后叶片干枯脱落，果实小而色偏白，不能正常膨大。植株长势受影响但不停止生长。

3. 斑萎病毒病

番茄斑萎病毒病是近年随种苗传入武威的，且防治难、易传染。苗期染病，叶片上出现褐色锈斑，植株生长缓慢，根系发育严重受阻，只能拔掉。坐果后染病，绿果上出现褪绿环斑，略凸起，轮纹不明显；青果上产生褐色坏死斑，呈瘤状突起，果实易脱落；成熟果实染病轮纹明显，红黄或红白相间，褪绿斑在全色期明显，严重的全果僵缩。

4. 条斑病毒病

条斑型病毒在辣椒、番茄上多发生，主要表现在果实和茎上，叶片上表现茶褐色斑点或花叶，背面叶脉紫色；茎上出现暗褐色到黑褐色下陷的油渍状坏死条斑，病茎质脆，易折断；果实上多形成不同形状的褐色斑块，但变色部分仅在表层组织，不深入到茎和果肉内部，随着果实发育，病部凹陷而成为畸形僵果，严重影响产量和质量。

5. 花叶病毒病

花叶型病毒多发生在番茄、辣椒、西葫芦、人参果等作物上。叶片上出现黄绿相间或深浅相间的斑驳，叶脉扭曲、隆起、透明，叶片略有皱缩，病株略矮，新叶小，结果小，果实表面劣质，多呈花脸状。

6. 蕨叶病毒病

蕨叶型病毒在辣椒、番茄、人参果等作物上时有发生。先由上部叶片开始全部或部分变成条状，中、下部叶片向上微卷；花瓣增大，形成"巨花"；植株不同程度矮化。

7. 斑驳病毒病

2019年武威市凉州区重发的辣椒斑驳病毒病，属坏死型病毒病。定植后植株生长稍慢，叶片皱缩、卷曲，叶脉扭曲、叶脉黄化似花叶病毒病。结果后，先在果实渐显黄绿相间、长短不一的条形斑，采收前则变为红褐色或深褐色条纹状坏死斑。

(二) 发病规律

引致瓜、菜作物病毒病的毒源有20多种，主要有烟草花叶病毒、黄瓜花叶病毒、烟草卷叶病毒、苜蓿花叶病毒等。烟草花叶病毒主要引起花叶症状，黄瓜花叶病毒主要引起蕨叶症状，烟草卷叶病毒引起卷叶症状。远距离传播主要通过种子、种苗，粉虱、蚜虫、蓟马等为重要的传毒媒介，田间可通过农事操作接触传播。温室昼夜温差小，播期早，定植苗龄小，均可加重病毒病的为害。高温、干旱，有利粉虱、蚜虫、蓟马增殖，病毒病为害重。植株生长弱，重茬等，均易引起病毒病的发生。

（三）防治措施

1. 培育无病无虫苗

选用抗病品种、培育无病无虫苗是预防黄化曲叶病毒、褪绿病毒病、斑萎病毒病等病毒病害的关键措施。

（1）番茄、辣椒、西葫芦等，都应选用抗、耐重点病毒病的高产、优质品种。

（2）播种时，可用6%阿泰灵（寡糖·链蛋白）可湿性粉剂1袋（15克）兑15千克水稀释后，浸泡种子6小时，阴干后播种。也可先用清水浸泡种子3~4小时，再用10%磷酸三钠溶液（药50克：水500毫升），浸泡20分钟后捞出洗净、播种。

（3）育苗前，彻底清除温室内杂草，并用15%大清棚（异丙威）烟剂熏杀粉虱等害虫。

（4）播种后，在育苗拱棚外覆盖防虫网，防止粉虱由露地迁入苗床传病。

（5）秋冬茬番茄应适当推迟播种期，冬春茬作物适当提前播种。

（6）育苗期间，喷淋锐师+农舟行等药剂防治窜进育苗拱棚内的烟粉虱及蓟马。

（7）用6%阿泰灵（寡糖·链蛋白）可湿性粉剂1袋（15克），兑15千克水叶面喷雾，间隔7~10天喷1次，连喷2~3次，以提高幼苗免疫能力。

2. 配套落实控害措施

（1）清除杂草。定植前，彻底清除温室内墙体、走道等处的杂草。

（2）设置防虫网。在风口处设置40~50目防虫网，四周压实封严，防止粉虱成虫由露地作物转移进入温室。

（3）烟剂熏杀。定植前，可用15%大清棚（异丙威）烟剂加倍量于傍晚均匀分布点燃，灭粉虱等害虫。

（4）剔除病虫苗。苗子进棚前，要仔细检查苗盘，剔除病虫苗。

（5）黄板诱杀。利用烟粉虱的趋黄习性，每间1块黄板呈品字形悬挂于番茄等作物植株上方15~20厘米处，并随时调整悬挂高度，诱杀烟粉虱等成虫。

（6）拔除病株。定植初期，发现病苗要及时拔除，带出室外妥善处理；作物收获后，要彻底清除植株秸秆、落叶和周边的各种杂草。

3. 药剂防治

药剂防治的重点是提高植株的抗性和控制传毒媒介的种群密度。

（1）病毒病预防：番茄、辣椒、西葫芦、人参果等作物定植缓苗后，推荐用"阿泰灵+"预防病毒病，以激发作物免疫诱导抗性，增强作物免疫能力。可用以下处方依次喷雾，间隔7天喷1次，连喷3~4次。

处方1：6%阿泰灵（寡糖·链蛋白）可湿性粉剂1袋（15克）+0.0025%金喷旺（烯腺·羟烯腺）可溶性粉剂1袋（20克）+戴乐锌1袋（10毫升）或70%喜多生（丙森锌）可湿性粉剂1袋（25克），兑15千克水全株均匀喷雾。

处方2：6%阿泰灵（寡糖·链蛋白）可湿性粉剂1袋（15克）+40%克毒宝（烯·羟·吗啉胍）可溶性粉剂1袋（15克）+秀尔碧绿1袋（20毫升），兑15千克水全株均匀喷雾。

处方3：6%阿泰灵（寡糖·链蛋白）可湿性粉剂1袋（15克）+8%中保鲜彩（宁南霉素）水剂1/3~1/2瓶（33~50克）+0.01%农通达（24–表芸苔素内脂）溶液剂1袋（10毫升），兑15千克水全株均匀喷雾。

（2）传毒媒介防治：烟粉虱、蓟马、蚜虫等零星发生后，及时用药喷雾防治或熏烟灭杀。具体方法参考本书相关内容。

（3）病毒病救治：作物植株感染病毒病后，很难治愈。但通过喷药可以预防健株染病或缓解病株症状。病毒病零星发病后，可用6%阿泰灵（寡糖·链蛋白）可湿性粉剂1~2袋（15~30克）+40%克毒宝（烯·羟·吗啉胍）可溶性粉剂1~2袋（15~30克）+秀尔碧绿1袋（20毫升），兑15千克水全株均匀喷雾。药后5~7天，再用6%阿泰灵（寡糖·链蛋白）可湿性粉剂 1~2 袋(15~30 克)+8%中保鲜彩（宁南霉素）水剂 1/3~1/2 瓶(33~50 克)+0.01%农通达（24-表芸苔素内脂）溶液剂 1 袋（10 毫升），兑 15 千克水全株均匀喷雾。

二十、瓜菜软腐病

（一）症状识别

番茄上主要为害茎秆，也为害果实。茎部多从整枝打杈伤口处感染，继而向内部延伸，最后髓部腐烂，有恶臭。果实被害先从果内溃烂，最后果皮也变软，汁液外溢，有恶臭。

辣椒主要危害果实。病果初生水浸状暗绿色斑，后变褐软腐，具恶臭味，内部果肉腐烂，果皮变白，渐失水后干缩。注意别将辣椒脐腐果误诊为软腐病。

（二）发病规律

细菌从整枝打杈及昆虫危害造成的伤口处感染。田间有露水时整枝打杈，易感染软腐病。棉铃虫、野蛞蝓、蜗牛等危害重，棚内湿度大时，也易感染软腐病。

（三）防治措施

1. 科学整枝打杈

温室、大棚作物整枝打杈最好选择在晴天无露水时进行，上午刚起帘后若有露水，或低温阴雨雪天不要整枝打杈，以免病菌从伤口侵染。

2. 适时喷雾防治

每轮整枝打杈结束后，最好用 30%扫细（琥胶肥酸铜）悬浮剂 1 袋(50 克)+3%科献（中生菌素）可湿性粉剂 1 袋（20 克）、或 3%辉润（噻霉酮）微乳剂 1 袋（16 克），兑 15 千克水喷布茎秆、果实等，预防病菌从伤口感染。

病害发生初期，摘除病果，刮除茎秆伤口病斑，并用高浓度的扫细药糊糊涂抹病部。同时，用 40%涂园清（春雷·喹啉铜）悬浮剂 1/3 瓶（33 克）、或 30%扫细（琥胶肥酸铜）悬浮剂 2 袋（50 克），兑 15 千克水喷布茎秆、果实等。7 天左右再喷 1 次。

二十一、瓜菜根结线虫病

根结线虫病是温室瓜类、蔬菜的毁灭性病害之一，尤其是瓜类、茄类、豆类等，受到的危害最重。在日光温室内一年四季都可发病。初侵染源主要是病土、病苗及灌溉水。老温室的发病率及严重程度明显高于新建温室，连年种植瓜类、茄果类作物，病害呈趋重态势。

（一）症状识别

发病轻微时，瓜、菜株仅有些叶片发黄，中午或天热时叶片显现萎蔫。发病较重时，瓜、菜株矮化，瘦弱，长势差，叶片黄萎。发病严重时，瓜、菜株提早枯死。症状表现最明显的是瓜、菜株的根部。把瓜、菜株连根挖出，在水中涮去泥土后可见主根朽弱，侧根和须根增多，并在侧根和须根上形成许多根结，俗称"瘤子"。根结大小不一，形状不正，初时白色，后渐变灰褐色，表面有时龟裂。较大根结上，一般又可长出许多纤弱的新根，其上再形成许多小根结，致使整个根系成为"须根团"。剖视较大根结，可见在病部组织里埋生许多鸭梨形的极小的乳白色虫体。

（二）发病规律

温室中在寄主植物活体组织内越冬。远距离传播的主要途径为种苗带虫。有病温室内育的栽植苗子，极易随苗子传入新温室。病土、灌溉水及人、畜、农具等也可携带传播。线虫借自身蠕动在土粒间可移行 30~50 厘米距离。2 龄幼虫为侵染幼虫，接触寄主根部后多由根尖部侵入，定居在根生长锥内。线虫在病部组织内取食、生长发育，并能分泌吲哚乙酸等生长素刺激虫体附近细胞，使之形成巨型细胞，使根系病部产生根结。在温室内可终年繁殖。条件适宜，17~20 天繁殖 1 代，繁殖数量很大。一旦根结线虫传（带）入，很快就会大量繁殖，积累起来造成严重为害。根结线虫多分布在 20 厘米左右的土层内，以土层 3~10 厘米范围内数量最多。土温 20℃~30℃，土壤湿度 40%~70%，适合根结线虫繁殖，土温超过40℃大量死亡。温度 55℃、10 分钟就可致死。重茬地为害重，温室往往重于露地。

（三）防治措施

1. 高温闷棚

采用"高温闷棚"能有效地消除病菌、杀灭虫卵、清除杂草、改良土壤、增强地力，是有效缓解连作障碍和控制根结线虫危害的好办法。但必须配套落实以下措施：

（1）彻底清棚。在最后一茬作物收获后，及时清除残枝、落叶、根茬，铲除田间杂草，带出棚外集中深埋或烧毁。

（2）深翻。人工或机械深翻，保持活土还原，深度要达到 40 厘米以上。

（3）拾净残根。翻地时，要仔细捡拾寄生有根结线虫的根瘤。

（4）分层施肥。结合深翻，每亩分两层（最底层、中间层）施入鸡粪、牛粪、羊粪、猪粪等农家肥 5000 千克。

（5）整地、开沟。深翻结束后，用旋耕机等机械，将地整平、整细，并在灌水口处顺垄方向开一深约 30 厘米的导水沟。

（6）盖膜、灌足水。可用旧棚膜或新地膜覆盖地表，尤其是立柱、前廊部分一定要盖严实。然后随即大水漫灌（先灌膜下，后灌膜上），且一定要灌足，否则影响闷棚效果。

（7）盖严棚膜。温室风口及其他部位一定要盖严实，并仔细检查棚面，用胶带封贴所有破口，以利保温。

（8）清洁棚膜。用拖把、喷雾器等冲洗棚面尘污，增加棚膜透光性，以利升温。

（9）夜覆草帘（棉被）。为减少夜间温度损失，以利地温持续上升，最好夜间覆盖草帘或棉被帘。

（10）提高地温。高温闷棚的关键是有序提高地温。只要使田间相对湿度达到 85% 以上、棚内气温达到 60℃ 以上、土壤 20 厘米处的温度达到 55℃ 以上，就可有效杀灭根结线虫、枯萎病、根腐病、疫病等病害和地下害虫、蚜虫、粉虱、红蜘蛛、斑潜蝇等虫害及杂草。高温闷棚时，要适时观测地温，只要地温达到 55℃，连续 3 天即可，一般高温闷棚时间 15~20 天为宜。

（11）配方施肥。闷棚结束后，一般要晾晒一周，再开始整地、施肥。由于高温也会杀死有益微生物，应增施金冠菌、宝易生物有机肥等。

2. 药剂防治

近年的防治实践证实：药剂防治仍是目前控制温室作物根结线虫的重要措施。只要你一套、一套又一套地把"三套车"用好，就可收到显著的控害、增产效果，如下：

（1）撒施：

此措施主要防治全棚耕层土壤内的线虫，降低土壤内线虫密度。上茬作物拔秧时根结线虫危害较轻的温室，定植前结合整地，2 间棚撒施含有淡紫拟青霉的宝易生物有机肥 1 袋（40 千克），减少或不再撒施农家肥。若上茬作物拔秧时根结线虫危害较重，4~5 间棚可用 10%噻粒维（噻唑膦）颗粒剂 1 袋（500 克）、或 10%多福（噻唑膦）颗粒剂 1 瓶（500 克），与适量细土混拌后均匀撒施于土表，再旋入 20 厘米耕层，即可开沟、起垄、浇水、定植。尽量缩短施药与定苗的间隔时间。药剂不要穴施或条施，以免伤根。

（2）穴施：

播前开穴后，8~10 间温室可用克线散 1 袋（1000 克），与 4~5 倍的干细土混匀后，施入栽植穴内，随后即可定植。此措施主要防治根系免受根结线虫侵染，并兼防根腐病、枯萎病，促进根系发育。

（3）冲施：

温室、大棚作物生长中期或根结线虫发生初期，8~10 间温室，可用 10%多福（噻唑膦）颗粒剂 1 瓶（500 克），先将药瓶内装适量清水，拧紧瓶盖充分摇匀，配制成悬浮母液，再倒入药桶内稀释，然后随水冲施或滴施。

（温室、大棚瓜菜主要病害原色图谱见彩图 1、2）

第二节 温室、大棚作物虫害综合防治技术

日光温室、拱形大棚内特殊的生态环境，有利粉虱、蓟马、蚜虫、斑潜蝇等害虫的发生。正确识别、科学防治，是控制虫害的关键。

一、发生危害

（一）斑潜蝇

1. 危害与诊断

美洲斑潜蝇和南美斑潜蝇是温室、大棚及露地作物上的重要害虫。成虫是 2~2.5 毫米的蝇子，背黑色；幼虫是无头蛆，乳白至鹅黄色，长 3~4 毫米；蛹橙黄色至金黄色，长 2.5~3.5 毫米。成虫吸食叶片汁液，造成近圆形刻点状凹陷，将卵产于叶片正面表皮下，孵化后的幼虫蛀食上、下表皮之间的叶肉组织，形成黄白色虫道，蛇形弯曲，无规则，虫粪线状，可使叶片光合作用下降，影响产量和质量。

2. 发生规律

美洲斑潜蝇和南美斑潜蝇在甘肃河西走廊露地不能越冬，可在日光温室中周年活动为害，且寄主植物广、生活历期短、繁殖速度快、世代重叠明显，从出苗（8 月中旬）到拉秧（6 月下旬）一年完成 8~10 代。各作物依受害程度以虫情指数为序从重到轻依次为菜豆、黄瓜、西葫芦、芹菜、茄子、辣椒、番茄。两种斑潜蝇对黄色均有较强的趋性。幼虫老熟后多数会落地化蛹。

（二）粉虱

1. 危害与诊断

烟粉虱、白粉虱等粉虱类害虫是日光温室、塑料大棚瓜类、蔬菜上的重要害虫，几乎可危害所有的瓜、菜作物，大发生的时候日光温室、塑料大棚附近的露地瓜、菜作物受害也较重。成虫和若虫群集叶片背面吸食植

物汁液，被害叶片褪绿、变黄、萎蔫，甚至全株死亡。除直接为害外，粉虱成虫和若虫还能分泌大量蜜源，严重污染叶片和果实，引起煤污病的大发生，影响作物的呼吸作用和光合作用，造成减产并降低蔬菜商品价值。粉虱还是黄化曲叶病毒病等病的重要传毒媒介。

烟粉虱：成虫体长 0.85~0.91 毫米，翅白色无斑点，被有蜡粉。卵散产于叶背，椭圆形，有小柄，与叶面垂直，卵柄通过产卵器插入叶内，初产时淡黄绿色，孵化前呈琥珀色至深褐色。若虫椭圆形，有触角和足，能爬行，腹部平，背部微隆起，淡绿色至黄色。

白粉虱：成虫 1.0~1.5 毫米，淡黄色，雌、雄均有翅，翅面覆盖白蜡粉，外观虫体呈白粉，栖息时翅脊较烟粉虱的稍低些。若虫体长 0.5~0.9 毫米，椭圆形、扁平，为淡黄绿色，体表具长短不齐的蜡质丝状突起。卵长椭圆形，有短柄，长 0.25 毫米，初产时淡黄色，孵化前黑褐色。蛹为伪蛹（实为 4 龄若虫），长 0.8 毫米，初期体扁平，逐渐加厚呈蛋糕状，中央略高，黄褐色。

2. 发生规律

烟粉虱、白粉虱在甘肃河西走廊露地不能越冬，但各虫态可以在日光温室内的瓜、菜作物上继续繁殖为害，一年可发生 10 多代。成虫羽化后 1~3 天交尾产卵，每雌虫平均产卵百余头，散产。粉虱具有寄主广泛、体被蜡质、世代重叠、繁殖速度快、传播扩散途径多、对化学农药极易产生抗性等特点。成虫有较强趋黄性和趋嫩性，忌避白色、银灰色。成虫不善于飞翔，在田间多先点片发生，逐渐向四周扩散。成虫喜欢群居于瓜、菜作物上部嫩叶为害并在嫩叶叶背产卵。白粉虱的发育历期、成虫寿命、产卵数量等均与温度有密切关系，成虫活动最适温度为 25℃~30℃。温度高至 40℃，卵和若虫大量死亡，成虫活动能力显著下降。

（三）蚜虫

1. 危害与诊断

蚜虫是蔬菜上种类多、发生最普遍、为害最严重的一类害虫，重要的有桃蚜、瓜蚜、菜缢管蚜、豆蚜。菜缢管蚜、豆蚜寄主范围较窄，分别只为害十字花科蔬菜和豆科作物，而桃蚜、瓜蚜寄主范围非常广，几乎可以为害所有种类瓜、菜作物。蚜虫均以成蚜或若蚜群集在寄主心叶、嫩叶背、嫩茎和嫩尖上刺吸吸食汁液。在受害叶片上形成斑点，可造成叶片卷缩。重时瓜菜苗（株）萎蔫，甚至枯死。一些蚜虫，如瓜蚜在吸食汁液的同时，分泌大量蜜露，污染下面叶片，诱发煤污病，影响叶片光合作用。蚜虫还是病毒病最重要的传毒媒介。

2. 发生规律

蚜虫可以在日光温室瓜、菜作物上周年繁殖、为害。蚜虫繁殖能力很强，可以孤雌胎生方式繁殖 30~40 代，甚至更多，且后代全为雌性，所以数量的增长速度非常惊人。田间最多的是无翅胎生雌蚜。22℃~26℃是蚜虫繁殖最适宜温度，干燥环境一般对蚜虫发生有利；相对湿度超过75%时蚜虫发生、繁殖受到抑制。有翅蚜对黄色有强烈的趋性，对银灰色有负趋性。

（四）红蜘蛛

1. 危害与诊断

红蜘蛛是害螨的俗称。危害温室瓜、菜作物的害螨系二斑叶螨、截形叶螨和朱砂叶螨组成的复合种群。若螨和成螨群集叶背吸取汁液，使叶片产生灰白色或枯黄色细斑，严重时整个叶片呈灰白色或淡黄色，迅速干枯脱落，影响生长，缩短结果期，造成减产。红蜘蛛也易为害瓜菜作物的心叶，使叶片严重皱缩。

2. 发生规律

红蜘蛛的寄主植物非常广泛，日光温室、塑料大棚及大田种植的黄瓜、辣椒、茄子、人参果、菜豆、西葫芦、西瓜、甜瓜及玉米等作物都是红蜘蛛的重要寄主。秋季温室红蜘蛛来自三个方面：移栽的瓜、菜秧苗传播者、温室内杂草上寄生者、露地作物上的红蜘蛛从风口迁入者。开始点片发生，逐渐扩散全田，在植株上先为害下部叶片，再向上部叶片转移。红蜘蛛成虫、若虫靠爬行、吐丝下垂在株间蔓延，也可通过农事操作传播。红蜘蛛在温室内可周年发生危害，以两性生殖为主，且产卵多、繁殖快、世代重叠、灾害性强。气温高、棚内高温干燥低湿有利其发生，生育和繁殖适温 29℃~31℃，适宜相对湿度为 35%~55%。温室内以刚定植的 8~9 月份和来年的 5~6 月份发生为害最重。温室、大棚周围种植玉米，棚内红蜘蛛发生早而重。

（五）蓟马

1. 危害与诊断

为害瓜、菜作物的蓟马种类很多，为害重的有瓜蓟马、瓜亮蓟马、花蓟马和葱蓟马。蓟马成虫浅褐色至深褐色，若虫体淡黄色。蓟马成虫、若虫白天多聚集在花内或隐藏在叶片背面。夜间或阴天活动旺盛，成虫和若虫锉吸被害瓜、菜植株心叶、嫩芽、花和幼果的汁液。未展开的心叶被害，使新出的嫩叶皱缩，随着叶片的生长，可见叶片正面零星出现淡黄色小斑点，部分叶片的边缘出现缺刻。展开的叶片背面表皮被害，产生许多灰白色小斑点，重时斑点连片致使整个叶片呈灰白色，卷缩扭曲。花器受害，影响授粉结实。幼果受害后僵硬、畸形，生长停止，重时落果；大果受害，使其果面、花托处布满刻伤斑点。辣椒、茄子等果柄被害，可在其上布满刻伤斑，影响果实商品性。

2. 发生规律

温室内蓟马的各虫态均可越冬，一年发生 10 多代。成虫有趋花性，喜欢在花器活动，产卵于花的子房内，也常产卵于叶片中。从土中羽化的成虫性喜向上嫩绿部分，活泼善飞，爬动也很敏捷，有畏光隐蔽特性，白天多隐蔽于生长点及幼瓜绒毛内，多早、晚及阴天取食。初孵化的幼虫群集为害，稍大则分散。瓜蓟马可进行孤雌生殖，老熟幼虫有入土化蛹习性。由于日光温室、大棚栽培条件下温湿度较为适宜，容易引起蓟马的大发生。

（六）棉铃虫

1. 危害与诊断

棉铃虫是茄果类蔬菜的主要害虫，为害虫体为幼虫。幼虫体色变化很大，由淡绿至淡红至红褐色乃至黑紫色，老熟幼虫体长 30~42 毫米。幼虫蛀食蕾、花、果为主，也为害叶、嫩茎和芽。花蕾受害时，苞叶张开，变成黄绿色，2~3天后脱落。初孵幼虫，多咬食果面，稍大则从果蒂或果面蛀入果实内部，蛀食部分果肉。偶尔蛀食植株顶部嫩茎，会造成萎蔫。

2. 发生规律

棉铃虫以蛹在土壤越冬。5月中旬开始羽化，第一代卵多产于番茄等作物上，第二代棉铃虫的产卵高峰期与大田玉米吐丝期相吻合，大约在7月中旬。棉铃虫成虫交配和产卵多在夜间进行，交配后2~3天开始产卵，卵散产于番茄的嫩梢、嫩叶、茎秆上，每头雌虫产卵100~200粒。初孵幼虫仅能将嫩叶尖及小蕾啃食呈凹点，2~3龄时吐丝下垂，蛀食蕾、花、果，一头幼虫可为害3~5个果，幼虫共6龄，具假死性和自残性。

（七）野蛞蝓

1. 危害与诊断

野蛞蝓主要为害幼苗、幼嫩叶片和嫩茎，将其食成孔洞或缺刻，同时排泄粪便、分泌黏液污染蔬菜。

2. 发生规律

野蛞蝓属于一种软体动物，又称鼻涕虫等。成虫体伸直时体长30~60毫米，体宽4~6毫米，长梭形，柔软、光滑而无外壳，体表暗黑色、暗灰色、黄白色或灰红色。卵椭圆形，韧而富有弹性，直径2~2.5毫米，白色透明可见卵核，近孵化时色变深。初孵幼虫体长2~2.5毫米，淡褐色。主要以性成熟的野蛞蝓或卵在潮湿的土块下越冬。成、幼体喜阴暗、潮湿、多腐殖质的环境。白天隐蔽，傍晚至次日清晨或阴雨天外出活动，取食作物叶片。卵产于湿度大有隐蔽的土缝中，每头可平均产卵400余粒。野蛞蝓怕光，强光下2~3小时即死亡，因此均夜间活动，从傍晚开始出动，晚上10~11时达高峰，清晨之前又陆续潜入土中或隐蔽处。耐饥力强，在食物缺乏或不良条件下能不吃不动。阴暗潮湿的环境易于大发生。

二、防治技术

1. 清

前茬作物收获后，及时处理残株枯叶，并及时深翻土壤清除；定植前，彻底清除走道、墙体上滋生的杂草；生长期间，发现零星虫叶，及时摘除，带出温室外妥善处理。

2. 避

温室周围 500 米内最好不种植斑潜蝇、白粉虱喜食的瓜类、豆科、茄科作物，可基本控制其温室、露地间的传播扩散。温室立柱旁不点种斑潜蝇、红蜘蛛喜食的菜豆。

3. 挡

试验示范证实，温室风口覆盖防虫网，可有效阻挡斑潜蝇、白粉虱、蚜虫等害虫从风口迁入温室，是最经济、最有效的无害化控害措施。具体做法：育苗时，在拱棚外覆盖防虫网，防止斑潜蝇、白粉虱由露地迁入苗床；移栽时，剔除带虫苗或带虫叶片。定植前，将温室充分熏蒸消毒，在风口处设置 40~50 目防虫网（四周压实封严），防止成虫由露地作物转移进温室；进入 11 月后拆除并清洗防虫网，至次年 2 月下旬重新设置，以防温室内越冬成虫从风口扩散到露地作物为害。

4. 诱

蔬菜定植后至 10 月底是斑潜蝇、烟粉虱、白粉虱等从露地向温室迁入为害的关键时期。利用斑潜蝇、烟粉虱、白粉虱很强的趋黄性，在温室偏南部每间悬挂黄板 1 张（呈品字型布局），垂直悬挂于作物上方 15~20 厘米处，可以达到持续诱杀斑潜蝇、烟粉虱、白粉虱、蚜虫成虫，控制其发生为害、减少农药喷防次数的目的。

5. 扫

利用斑潜蝇幼虫老熟后多数会落地化蛹的特性，定期用小笤帚或刷子扫去落在垄上行间的蛹。冬季温度低，斑潜蝇蛹期长、蛹量大，应于 1 月份起，隔半月人工扫蛹 1 次，携至室外深埋，可显著降低春季高峰前虫量，减轻为害程度。

6. 熏

定植前 2~3 天，1 间温室用 15%大清棚（异丙威）烟剂 1 小袋（20克）于傍晚均匀点燃熏杀。作物株高 50 厘米以上后，若烟粉虱、蓟马等密度大时，2 间温室也可用 15%大清棚（异丙威）烟剂 1 小袋（20 克）于夜间 10 点后均匀点燃熏杀。

7. 防

温室环境条件非常有利蚜虫、红蜘蛛等害虫发生与增殖，化学防治要突出一个"早"字。

（1）蚜虫：

处方 1：50%可立超（氟啶虫酰胺）水分散粒剂 3 克+70%吡蚜酮可湿性粉剂 5 克，兑 15 千克水喷雾。

处方 2：15%中保荣捷（氟啶·吡丙醚）悬浮剂 1~1.5 袋（10~15 克）+60%荣俊（吡蚜·呋虫胺）水分散粒剂 1 袋（4 克），兑 15 千克水喷雾。

处方 3：15%中保荣捷（氟啶·吡丙醚）悬浮剂 1~1.5 袋（10~15 克）+30%锐师（噻虫嗪）悬浮剂 1 袋（10 克），兑 15 千克水喷雾。

处方 4：50%展耀（氟啶虫酰胺）水分散粒剂 2 克+60%荣俊（吡蚜·呋虫胺）水分散粒剂 1 袋（4 克），兑 15 千克水喷雾。

（2）粉虱：

处方 1：30%锐师（噻虫嗪）悬浮剂 1.5 袋(15 克)+10%力驰（联苯菊酯）乳油 1.5 袋(15 克)+云展 1 袋（5 克），兑 15 千克水喷雾。间隔 5 天喷 1 次，连喷 2 次。

处方 2：60%荣俊（吡蚜·呋虫胺）水分散粒剂 2 袋（8 克)+10%力驰(联苯菊酯)乳油 1.5 袋(15 克)+云展 1 袋（5 克），兑 15 千克水喷雾。

（3）蓟马：

处方 1：5.7%农舟行（甲氨基阿维菌素苯甲酸盐）微乳剂 30~40 克，兑 15 千克水喷雾。

处方 2：5.7%农舟行（甲氨基阿维菌素苯甲酸盐）微乳剂 30 克+30%

锐师（噻虫嗪）悬浮剂 1 袋（10 克），兑 15 千克水喷雾。

处方 3：60%荣俊（吡蚜·呋虫胺）水分散粒剂 2 袋（8 克）+27%戈锐利（联苯·吡虫啉）悬浮剂 10 克，兑 15 千克水喷雾。

温馨提醒：蓟马易产生抗药性，应交替喷雾。农舟行至多连喷 2 次就应轮换用药。

（4）红蜘蛛：

红蜘蛛繁殖速度快，早防治是控制为害的关键。虫害发生初期，可用以下处方防治：

处方 1：24%满靶标（螺螨酯）悬浮剂 7~8 毫升+8%中保杀螨（阿维·哒螨灵）乳油 20 克，兑 15 千克水喷雾防治。

处方 2：45%吉杀（联肼·乙螨唑）悬浮剂 1~1.5 袋（8~12 克），兑 15 千克水喷雾防治。

处方 3：45%吉杀（联肼·乙螨唑）悬浮剂 1 袋（8 克）+8%中保杀螨（阿维·哒螨灵）乳油 1 袋（10 克），兑 15 千克水喷雾防治。

喷雾要细致均匀，注意将药液喷布到叶片背面。

（5）斑潜蝇：

斑潜蝇产卵盛期至幼虫 2 龄期，可用 20%班潜静（阿维·杀虫单）微乳剂 2 袋（16 克）、或 50%道理（阿维·灭蝇胺）悬浮剂 1 袋（10 克）、或 5.7%农舟行（甲氨基阿维菌素苯甲酸盐）微乳剂 1 袋（15 克），兑 15 千克水喷雾防治。

（6）棉铃虫：

棉铃虫发生初期，用 5.7%农舟行（甲氨基阿维菌素苯甲酸盐）微乳剂 2 袋（30 克）、或 12%快捕令（甲维·茚虫威）水乳剂 15 克、或 23%粒垦达（高效氯氟氰菊酯）微囊悬浮剂 8 克，兑 15 千克水喷雾。

（7）野蛞蝓：

野蛞蝓发生初期，可用 6%优达（四聚乙醛）颗粒剂、或 15%科罗旺（四聚乙醛）颗粒剂撒施防治。

（温室、大棚作物重点虫害原色图谱见彩图 3）

第三节 温室葡萄主要病害发生与防治技术

一、葡萄白粉病

(一) 症状识别

主要为害葡萄绿色幼嫩部分，菌丝体生长在植物表面，以吸器进入寄主表皮细胞内吸收养分。叶片染病，初现褪绿病斑，上生白色粉状物，后逐渐扩展，严重时布满整个叶片。幼果染病，病斑褪绿，呈褐色星芒状花纹并长出白粉。果实长大后染病，果粒容易开裂。

(二) 发病规律

病菌以菌丝体在被害组织内或芽鳞间越冬，也可以闭囊壳在枝蔓上越冬。白粉病在温室葡萄上发生较早，一般6月份开始发病，7~8月份进入盛发期。绿色的组织如叶片、枝蔓、卷须、幼嫩的果实等都对白粉病非常敏感，随着器官、组织的逐渐老化，其抗病性也逐渐增强。果实对白粉病最敏感的时期是在落花后的4~6周，大约是在果粒豌豆大小至封穗前。气温较高、空气干燥或闷热多云的天气病害发展速度最快。大雨可以冲刷叶片表面的病菌，使病害暂时受到抑制，雨后气候条件适宜时，病害又会迅速发展。氮肥过多、枝叶茂密、通风透光差或灌水不及时，有利于病害发生。

(三) 防治措施

1. 农艺措施

清除温室墙体、走道等处的杂草；及时摘除初发病叶、病果；生长季节及时摘心、绑蔓；入冬前剪除病枝、病叶。

2. 药剂防治

(1) 药剂预防：

葡萄出土后到萌芽前，先喷施一次5波美度的石硫合剂、或32.5%京彩（苯甲·嘧菌酯）悬浮剂1袋（10克）、或43%翠富（戊唑醇）悬浮剂2

袋（12毫升），兑15千克水喷雾。

葡萄4~5叶期、花序分离期、幼果膨大期、套袋前，可用75%秀灿（朂菌·戊唑醇）可湿性粉剂1袋（10克）、或43%翠富（戊唑醇）悬浮剂2袋（12毫升）、或32.5%京彩（苯甲·嘧菌酯）悬浮剂1袋（10克）、或38%蓝楷（唑醚·啶酰菌）悬浮剂1袋（15克），兑15千克水全株均匀喷雾。

（2）药剂救治：

病害发生初期，可用以下处方救治。喷雾间隔期7天左右，视病情连续喷3~4次。喷雾要细，全株叶片正、反面都要均匀喷到。

处方1：45%益卉（苯并烯氟菌唑·嘧菌酯）水分散粒剂2袋（10克），兑15千克水全株喷雾。

处方2：75%千里马（朂菌·戊唑醇）水分散粒剂0.5~1袋（7.5~15克）+32.5%京彩（苯甲·嘧菌酯）1~2袋（10~20克），兑15千克水全株喷雾。

处方3：32.5%京彩（苯甲·嘧菌酯）悬浮剂1~2袋（10~20克）+43%翠富（戊唑醇）悬浮剂2袋（12毫升），兑15千克水全株喷雾。

处方4：25%康秀（吡唑醚菌酯）悬浮剂1袋（10克）+75%千里马（朂菌·戊唑醇）水分散粒剂0.5~1袋（7.5~15克），兑15千克水全株喷雾。

特别提醒：刚出嫩叶时喷防白粉病的药剂浓度要低，且慎用含丙环唑的单剂或复配制剂；高温、干燥时段白粉病重发时，先用清水喷洒植株、冲洗病菌，待植株无水膜后，再喷施防治药剂，这样防治效果更好。

二、葡萄霜霉病

（一）症状识别

葡萄霜霉病主要为害叶片、果实，严重时也为害花穗和卷须。叶片染病初期，叶面出现淡黄色多角形病斑，且在病斑背面产生一层白色霜霉状物（病菌孢子梗）；随着病情的发展，病斑布满叶片大部或全部，并逐渐干枯。果梗受害变褐、坏死，极易引致果粒脱落，潮湿时果梗上也产生白色霜霉状物。果粒在花生粒大小时最容易感病，病部呈淡褐色软腐，容易脱落，湿度大时表面密生白色霜霉状物。

（二）发病规律

病原菌以休眠的卵孢子随病叶等病残组织在土壤里越冬，可以存活1~2年。病菌侵染喜欢相对低温潮湿的环境，分生孢子的产生只有在湿度超过90%的夜间进行。降雨量以及降雨天数是影响葡萄霜霉病发生流行的重要因素。6~9月份的降雨越大、降雨天数越多霜霉病的发生则早而重。果梗对霜霉病较为敏感，最易感病，进而导致果粒染病。一般老叶片的钙/钾比例高，因而抗病，而嫩叶的钙/钾比例低则易感病。

（三）防治措施

1. 农艺措施

及时摘心、绑蔓和中耕除草，提高葡萄结果部位，及时摘除葡萄下部叶片和新梢；冬季修剪后彻底清除病叶、病果等病残体，减少越冬菌源。花前、花期，可用戴乐硼1袋(15克)+满园花1袋（20克），兑15千克水全株喷雾，间隔7天喷1次，连喷2~3次。果粒开始膨大后，可用钙尔美10~15克、或戴乐藻靓15毫升、或戴乐威旺30克，兑15千克水全株交替喷雾，间隔7~10天喷1次，连喷3~4次，以增加叶片等钙/钾浓度，提高抗病性，且有利于预防裂果、提高果粒含糖量。

2. 药剂防治

（1）药剂预防：

葡萄花序分离期，可用70%喜多生（丙森锌）可湿性粉剂1袋(25克)+72%妥冻（霜脲·锰锌）可湿性粉剂1/3袋（33克）、或75%聚亮（锰锌·嘧菌酯）可湿性粉剂1袋（20克），兑15千克水全株均匀喷雾。

葡萄花后2~3天，可用32.5%京彩（苯甲·嘧菌酯）悬浮剂1袋（10克）、或45%康莱（烯酰·氰霜唑）悬浮剂1袋（10克）、或39%优绘（精甲·嘧菌酯）悬浮剂1袋（8毫升），兑15千克水均匀喷雾。

7~9月上旬未覆盖棚膜前，视降雨情况，可用45%康莱（烯酰·氰霜唑）悬浮剂1袋（10克）、或39%优绘（精甲·嘧菌酯）悬浮剂1袋(8毫升）、或52.5%盈恰（噁酮·霜脲氰）水分散粒剂1袋（10克），兑15千克水全株均匀喷雾。交替喷雾，间隔10天左右喷1次药。

特别提醒：遇到大于10毫米的降雨，雨后24小时内最好用24%明赞（霜脲·氰霜唑）悬浮剂1/3瓶（33克）、或30%立克多（氟胺·氰霜唑）悬浮剂1/3~1/4瓶（33~25克），兑15千克水全株喷雾。

（2）药剂救治：

霜霉病属极易流行蔓延、暴发成灾，重视发病初期救治是控制病害流行的关键。发现中心病株后，及时把病叶、病果摘除并带出室外烧毁，立即用药喷雾救治。

A. 葡萄霜霉病初发的温室：

方案1：先用24%明赞（霜脲·氰霜唑）悬浮剂1/3瓶（33克），兑15千克水全株喷雾。待药后3~5天，再用52.5%盈恰（噁酮·霜脲氰）水分散粒剂1袋（10克）、或39%优绘（精甲·嘧菌酯）悬浮剂1~1.5袋（8~12毫升），兑15千克水全株喷雾。

方案2：先用30%立克多（氟胺·氰霜唑）悬浮剂1/3瓶（33克），兑15千克水全株喷雾。待药后3~5天，再用48%康莱（烯酰·氰霜唑）悬浮剂1~2袋（10~20克）、或39%优绘（精甲·嘧菌酯）悬浮剂1~1.5袋（8~12毫升），兑15千克水全株喷雾。

B. 葡萄霜霉病发生较重的温室：

方案1：先用24%明赞（霜脲·氰霜唑）悬浮剂1/3瓶（33克）+39%优绘（精甲·嘧菌酯）悬浮剂1袋（8毫升），兑15千克水全株喷雾。待药后3~5天，再用48%康莱（烯酰·氰霜唑）悬浮剂1袋（10克）+52.5%盈恰（噁酮·霜脲氰）水分散粒剂1袋（10克），兑15千克水全株喷雾。

方案2：先用30%立克多（氟胺·氰霜唑）悬浮剂1/3瓶（33克），兑15千克水全株喷雾。待药后3~5天，再用48%康莱（烯酰·氰霜唑）悬浮剂1袋（10克）+52.5%盈恰（噁酮·霜脲氰）水分散粒剂1袋（10克），兑15千克水全株喷雾。

喷雾要求：药剂应二次稀释，喷雾压力要足、雾化要好，且要喷透果穗，也可采用药液浸蘸果穗。当病害控制住后，再恢复到15天左右喷一次药。康莱、盈恰、优绘、高雅、明赞都可选用。

三、葡萄白腐病

（一）症状识别

主要为害果实和穗轴，也可以为害叶片和枝蔓。靠近地表的果穗易染病，受害果穗一般先在果梗或穗轴上形成浅褐色水渍状病斑，逐渐扩大并蔓延到果粒上，导致果粒腐烂，病果表皮下密生灰白色小粒点。枝蔓染病多发生在摘心或其他农事操作造成的机械伤口处。病斑初呈淡黄色水渍状，边缘深褐色，纵向扩展很快。后期病斑变成暗褐色凹陷，表面密生灰白色小粒点，表皮纵裂，韧皮部和木质部分离，撕裂呈乱麻状，病部下端的健病交界处常变粗呈瘤状。枝条病处的叶柄染病呈褐色腐烂，叶片先局部失水、萎蔫，后逐渐干枯。叶片染病，多在叶缘或叶尖端开始，病斑边缘水渍状，淡褐色，逐渐向叶片中部扩展，病斑有不明显的同心轮纹，天气潮湿时叶脉附近形成白色小点，后期病斑干枯易穿孔。

（二）发病规律

病菌以菌丝体或分生孢子器随病残体在土壤中越冬，并可存活4~5年。土壤中的越冬病菌从5月一直到8月下旬可以不断地形成分生孢子，风吹带菌的土壤颗粒以及农事操作在田间传播。叶片被害多是从叶缘的水孔、蜜腺等处侵入。高温、多雨、高湿、伤口是决定白腐病发生迟早、轻重的重要条件。多雨年份白腐病发生早而重，特别是发病季节遭遇暴雨、冰雹等造成果穗及果实上的大量伤口、裂果，极易造成白腐病的大流行。棚内积水、杂草丛生、氮肥过量、钙钾不足、果穗距地面近等都易发生白腐病。

（三）防治措施

1. 农艺措施

及时清除病枝、病果，减少病菌基数；提高结果部位，尽量使果穗位置在距地面50厘米以上，减少土壤中病菌侵染的机会；及时摘心、绑蔓、中耕除草；科学灌水，防止灌水、雨后长时积水；落花后及时套袋，减少病菌侵染机会；雨季在葡萄沟内、垄面覆盖地膜，以防止土壤表面的病菌传播到近地面的果穗和枝叶上。

2. 药剂防治

（1）药剂预防：

春季葡萄萌芽后，可用70%喜多生（丙森锌）可湿性粉剂1袋(25克)+32.5%京彩（苯甲·嘧菌酯）悬浮剂1袋（10克）、或43%翠富（戊唑醇）悬浮剂1袋（6毫升）、或25%康秀（吡唑醚菌酯）悬浮剂1袋（10克），兑15千克水对枝条、地表全面喷布，以铲除萌发的初侵染菌源。

葡萄展叶后，可用70%喜多生（丙森锌）可湿性粉剂1袋(25克)+43%翠富（戊唑醇）悬浮剂2袋（12毫升）或75%秀灿（肟菌·戊唑醇）可湿性粉剂1袋（10克），兑15千克水全株交替喷雾，视降雨等天气状况10~15天喷1次。

夏、秋季节，每次降雨后，尤其遇到10毫米左右的降雨后，要及时用43%翠富（戊唑醇）悬浮剂2袋(12毫升)+32.5%京彩（苯甲·嘧菌酯）悬浮剂1袋（10克）、或48%农精灵（苯甲·嘧菌酯）悬浮剂1袋(10克)或75%千里马（肟菌·戊唑醇）水分散粒剂0.5~1袋(7.5~15克)+25%康秀（吡唑醚菌酯）悬浮剂1袋（10克），兑15千克水全株均匀喷雾。

（2）药剂救治：

白腐病发生初期，及时摘除病果粒，立即用以下处方喷雾救治：

处方1：45%益卉（苯并烯氟菌唑·嘧菌酯）水分散粒剂2袋（10克），兑15千克水喷雾。

处方2：32.5%京彩（苯甲·嘧菌酯）悬浮剂1袋（10克）+43%翠富（戊唑醇）悬浮剂2袋（12毫升），兑15千克水喷雾。

处方3：48%农精灵（苯甲·嘧菌酯）悬浮剂1袋（10克）或75%千里马（肟菌·戊唑醇）水分散粒剂0.5~1袋（7.5~15克）+32.5%京彩（苯甲·嘧菌酯）悬浮剂1袋（10克），兑15千克水喷雾。

处方4：38%蓝楷（唑醚·啶酰菌）悬浮剂1袋（15克）+29%绿妃（吡

萘·嘧菌酯）悬浮剂 1 袋（10 毫升），兑 15 千克水喷雾。

喷雾要求：交替喷雾，间隔期 5~7 天，连喷 2~3 次。重点喷布葡萄的果穗，且一定要喷透，使果梗、穗轴上也能着药。待病情控制后，再恢复 10~15 天喷 1 次药，尤其是雨后 24 小时内，必须喷 1 次药，以防病害复发。

四、葡萄灰霉病

（一）症状识别

主要为害葡萄花序、幼果和成熟以后的果穗，有时也为害新梢和叶片。果穗受害后，初期呈褐色水渍状病斑，湿度大时很快颜色变深，果穗腐烂，上生灰色霉层。成熟期果穗染病，先在个别有虫伤或机械伤口的果粒上发病，然后扩展到附近其他果粒，逐渐使染病的果粒都长满褐色霉层。果粒或花序染病后，如果天气变得干旱少雨，果穗表面就不产生灰色霉层，则逐渐萎蔫、腐烂、干枯。

（二）发病规律

病菌主要以菌核和分生孢子在土壤中越冬。翌年春天温度回升，遇到降雨或灌水，土壤中越冬的菌核萌发产生分生孢子，借助气流传播到花穗上。灰霉病菌是一个弱寄生菌，并喜欢低温、高湿的环境。在温室葡萄上主要为害春季的花穗和膨大至成熟期的果实。葡萄花朵完全开放期是灰霉病侵染最敏感的时期。葡萄谢花前后若遇到较大降雨、或灌水后又遇连阴天，病菌很容易借助即将脱落的花侵染花穗，造成整个花穗染病。7~9 月份，遇到降雨多、雨量大或连续的低温阴雨天时，病害极易发生与流行。

（三）防治措施

1. 农艺措施

及时清除病枝、病果，减少病菌基数；提高结果部位，尽量使果穗位置距地面 50 厘米以上，减少土壤中病菌侵染的机会；及时摘心、绑蔓、中耕除草；科学灌水，防止灌水、雨后长时积水；落花后及时套袋，减少病菌侵染机会；雨季在葡萄沟内、垄面覆盖地膜，以防止土壤表面的病菌传播到近地面的果穗和枝叶上。

2. 药剂防治

（1）药剂预防：

葡萄开花前、开花期、开花后，可交替用 40%施灰乐（嘧霉胺）悬浮剂 1/3 瓶（33 克）、或 50%悦购（腐霉利）可湿性粉剂 1/3 袋（33 克）、或 50%道合（啶酰菌胺）水分散粒剂 1 袋（15 克）+70%安泰生（丙森锌）可湿性粉剂 1 袋（25 克），兑 15 千克水全株均匀喷雾。

葡萄果实膨大期、套袋前，可用 38%蓝楷（吡唑·啶酰菌）悬浮剂 1 袋（15 克）、或 50%卉友（咯菌腈）可湿性粉剂 1 袋（3 克）、或 40%世顶（嘧霉胺·啶酰菌）悬浮剂 1 瓶（30 克）、或 40%明迪（异菌·氟啶胺）悬浮剂 1 袋（20 克），兑 15 千克水全株均匀喷雾。交替喷雾，7~10 天喷 1 次。

（2）药剂救治：

初发灰霉病的葡萄温室：灰霉病救治难度大，初见病后，应及时摘除病叶病果，并用 40%明迪（异菌·氟啶胺）悬浮剂 1/3 瓶（33 克）、或 40%世顶（嘧霉·啶酰菌）悬浮剂 1 瓶（30 克）、或 62%赛德福（嘧环·咯菌腈）水分散粒剂 1 袋（5 克）、或 50%道合（啶酰菌胺）水分散粒剂 1 袋（15 克）、或 38%蓝楷（吡唑·啶酰菌）悬浮剂 1 袋（15 克）、或 50%卉友（咯菌腈）可湿性粉剂 2 袋（6 克），兑 15 千克水交替喷雾防治，5~7 天喷 1 次，视病情，连喷 3~4 次。

灰霉病发生较重的葡萄温室：发病重时需加大药量，减少用药间隔时间。可用 40%明迪（异菌·氟啶胺）悬浮剂 1/3 瓶（33 克）+50%道合（啶酰菌胺）水分散粒剂 1 袋（15 克）、或 40%世顶（嘧霉·啶酰菌胺）悬浮剂 1 瓶（30 克）+50%卉友（咯菌腈）可湿性粉剂 1 袋（3 克）、或 62%赛德福（嘧环·咯菌腈）水分散粒剂 1 袋（5 克）+38%蓝楷（吡唑·啶酰菌）悬浮剂 1 袋（15 克）、或 50%道合（啶酰菌胺）水分散粒剂 1 袋（15 克）+40%施灰乐（嘧霉胺）悬浮剂 1/3 瓶（33 克），兑 15 千克水交替喷雾防治，5~7

天喷 1 次，连喷 2~3 次。

喷雾要求：喷药要细致，叶片、枝条、果穗都要喷到，尤其是封穗后一定要把果穗喷透。

五、葡萄炭疽病

（一）症状识别

主要为害果粒，引起果粒腐烂。果实染病初期，在果面产生褐色水渍状病斑，或雪花状病斑。病斑逐渐扩大呈深褐色，稍凹陷，表面生许多轮纹状排列的小黑点，遇到潮湿环境，其上长出粉红色的孢子团，果实软腐、容易脱落。新梢、叶片、穗轴、果梗等都可以染病，但为害较轻。

（二）发病规律

病菌主要以菌丝体在一年生枝蔓的表皮组织及果梗、叶痕等处越冬。翌春当气温高于 10℃时，遇到降雨、灌水等潮湿环境即可以产生分生孢子，随雨水等传播并通过寄主表皮、气孔、皮孔等处侵染果实、枝蔓、卷须等。炭疽病有潜伏侵染特性，果粒上产生的分生孢子随雨水可以再侵染。葡萄炭疽病属高温高湿型病害，湿热多雨的环境有利发病，尤其是在葡萄果实接近成熟时，遇到高温多雨极易引致葡萄炭疽病暴发。

（三）防治措施

1. 农业措施

结合冬季修剪，清除植株上的病枝和地面的枯枝、烂叶，并带出棚外烧毁。

2. 药剂防治

开花前、每次降雨后、果实膨大期、果实近成熟期、病害发生初期，可用以下处方喷雾防治：

处方 1：45%益卉（苯并烯氟菌唑·嘧菌酯）水分散粒剂 1~2 袋（10~20 克）+钙尔美 10~20 克，兑 15 千克水全株喷雾。

处方 2：75%千里马（肟菌·戊唑醇）水分散粒剂 0.5~1 袋(7.5~15 克)+32.5%京彩（苯甲·嘧菌酯）悬浮剂 1~2 袋(10~20 克)+戴乐硼 15 克，兑

15 千克水全株喷雾。

处方 3：32.5%京彩（苯甲·嘧菌酯）悬浮剂 1~2 袋(10~20 克)+80%翠果（戊唑醇）水分散粒剂 1 袋（8 克）+戴乐藻靓 10~15 克，兑 15 千克水全株喷雾。

喷雾要求：开花前重点喷一年生枝条，降中到大雨后重点喷果穗。葡萄膨大中期至套袋前，可湿性粉剂最好不用，以免药液污染果面。采取二次稀释配药，喷雾压力要足，雾化要好，果穗、叶片、茎蔓等都应喷到。

六、葡萄黑痘病

（一）症状识别

主要为害葡萄的果实、叶片、新梢、卷须等，幼嫩时最容易为害。叶片染病后开始出现针尖大小的红褐色至黑褐色斑点，周围有黄色晕圈。病斑扩大后呈圆形或不规则形灰白色斑。幼果染病，初呈深褐色圆形斑点，逐渐扩大成为圆形或不规则形凹陷病斑，似鸡眼状。多个病斑可以连成大斑，后期病斑硬化或表皮开裂。新梢、叶柄、卷须也可以发病，症状都是灰褐色病斑，边缘深褐色，中央稍凹陷，常开裂。枝蔓上的病斑可以扩展到髓部，重时新梢不长、萎缩、枯死。

（二）发病规律

病菌以菌丝体在病枝、病蔓等处的组织中越冬，也有部分在地面的病果、病叶上越冬。当春季平均气温超过 12℃时，病斑部位或地面病残体上越冬菌丝体开始产生分生孢子，借风雨传播形成初期侵染。葡萄叶片、幼果、枝蔓等尚处于幼嫩阶段，若遇频繁降雨，非常有利于病害发生。管理粗放、树势衰弱、肥力不足或氮肥过量、磷钾肥不足、杂草丛生都会加重病情的发展。

（三）药剂防治

葡萄黑豆病发生前、发生初期，及时摘除病果粒，可用以下处方交替喷雾，间隔 5~7 天喷 1 次，连喷 2~3 次。

处方 1：45%益卉（苯并烯氟菌唑·嘧菌酯）水分散粒剂 1~2 袋（10~

20 克)+钙尔美 10~20 克，兑 15 千克水全株喷雾。

处方 2：75%秀灿（肟菌·戊唑醇）可湿性粉剂 1 袋（10 克）或 75% 千里马（肟菌·戊唑醇）水分散粒剂 0.5~1 袋(7.5~15 克)+32.5%京彩(苯甲·嘧菌酯) 悬浮剂 1~2 袋(10~20 克)+戴乐硼 15 克，兑 15 千克水全株喷雾。

处方 3：32.5%京彩（苯甲·嘧菌酯）悬浮剂 1~2 袋(10~20 克)+43%翠富（戊唑醇）悬浮剂 2 袋(12 毫升)+戴乐藻靓 10~15 克，兑 15 千克水全株喷雾。

七、葡萄病虫害混合发生时的防治方案

（一）白粉病或白腐病、灰霉病混发后防治处方

发病初期，可用以下处方喷雾防治。间隔 5~7 天喷 1 次，连喷 2~3 次。

处方 1：43%翠富（戊唑醇）悬浮剂 2 袋(12 毫升)+32.5%京彩(苯甲·嘧菌酯) 悬浮剂 1 袋（10 克)+40%明迪（异菌·氟啶胺）悬浮剂1/3 瓶(33 克)，兑 15 千克水全株均匀喷雾。

处方 2：75%秀灿（肟菌·戊唑醇）可湿性粉剂 1 袋（10 克）或 75% 千里马（肟菌·戊唑醇）水分散粒剂 0.5~1 袋(7.5~15 克)+32.5%京彩（苯甲·嘧菌酯）悬浮剂 1 袋(10 克)+40%世顶（嘧霉·啶酰菌）悬浮剂1/3 瓶(33 克)，兑 15 千克水全株均匀喷雾。

处方 3：45%益卉（苯并烯氟菌唑·嘧菌酯）水分散粒剂 2 袋(10 克)+62%赛德福（嘧环·咯菌腈）水分散粒剂 1~2 袋（5~10 克），兑 15 千克水全株均匀喷雾。

处方 4：38%蓝楷（唑醚·啶酰菌）悬浮剂 1 袋(15 克)+40%施灰乐（嘧霉胺）悬浮剂 1/3 瓶（33 克），兑 15 千克水全株均匀喷雾。

处方 5：75%秀灿（肟菌·戊唑醇）可湿性粉剂 1 袋（10 克）或75% 千里马（肟菌·戊唑醇）水分散粒剂 0.5~1 袋(7.5~15 克)+50%卉友（咯菌腈）可湿性粉剂 2 袋（6 克），兑 15 千克水全株均匀喷雾。

处方6：43%翠富（戊唑醇）悬浮剂2袋(12毫升)+50%道合（啶酰菌胺）水分散粒剂1袋（15克），兑15千克水全株均匀喷雾。

（二）白腐病、灰霉病、霜霉病混发前后防治处方

1. 预防处方

温室扣棚膜前后，若遇较大降雨（10毫米以上）或连阴雨天，应在雨后天晴24小时之内喷1次药，对预防白腐病、灰霉病、霜霉病等高湿型病害至关重要。

处方1：43%翠富（戊唑醇）悬浮剂2袋(12毫升)+32.5%京彩（苯甲·嘧菌酯）悬浮剂1袋(10克)+40%明迪（异菌·氟啶胺）悬浮剂1/3瓶(33克)+52.5%盈恰（噁酮·霜脲氰）水分散粒剂1袋（10克），兑15千克水全株均匀喷雾。

处方2：45%益卉（苯并烯氟菌唑·嘧菌酯）水分散粒剂2袋(10克)+62%赛德福（嘧环·咯菌腈）水分散粒剂1~2袋(5~10克)+39%优绘(精甲·嘧菌酯)悬浮剂1袋（8毫升），兑15千克水全株均匀喷雾。

处方3：38%蓝楷（唑醚·啶酰菌）悬浮剂1袋（15克）+40%施灰乐（嘧霉胺）悬浮剂1/3瓶（33克）+48%康莱（烯酰·氰霜唑）悬浮剂1~2袋（10~20克），兑15千克水全株均匀喷雾。

处方4：80%翠果（戊唑醇）水分散粒剂1袋（8克)+50%道合(啶酰菌胺）水分散粒剂1袋（15克）、或40%世顶（嘧霉·啶酰菌）1瓶（30克)+30%立克多（氟胺·氰霜唑）悬浮剂1/3瓶（33克），兑15千克水全株均匀喷雾。

2. 救治处方

方案1：先用24%明赞（霜脲·氰霜唑）悬浮剂1/3瓶(33克)+40%明迪（异菌·氟啶胺）悬浮剂1/3瓶(33克)+43%翠富（戊唑醇）悬浮剂2袋(12毫升）+32.5%京彩（苯甲·嘧菌酯）悬浮剂1袋（10克），兑15千克水全株喷雾。待药后5天，再用45%益卉（苯并烯氟菌唑·嘧菌酯）水分散粒剂2袋（10克)+62%赛德福（嘧环·咯菌腈）水分散粒剂1~2袋(5~10克)+39%优绘（精甲·嘧菌酯）悬浮剂1袋（8毫升），兑15千克水

全株均匀喷雾。

方案 2：先用 30%立克多（氟胺·氰霜唑）悬浮剂 1/3 瓶(33 克)+38% 蓝楷（唑醚·啶酰菌）悬浮剂 1 袋（15 克）+43%翠富（戊唑醇）悬浮剂 2 袋（12 毫升），兑 15 千克水全株喷雾。待药后 5 天，再用 48%康莱（烯酰·氰霜唑）悬浮剂 2 袋（20 克）+40%世顶（嘧霉·啶酰菌）悬浮剂 1 瓶（30 克）或 50%道合（啶酰菌胺）水分散粒剂 1 袋(15 克)+25%康秀（吡唑醚菌酯）悬浮剂 1 袋（10 克）+32.5%京彩（苯甲·嘧菌酯）悬浮剂 1 袋（10 克），兑 15 千克水全株喷雾。

（温室葡萄主要病害原色图谱见彩图 4）

第二章　温室作物主要生理性病害预防调理技术

由于日光温室蔬菜生产的主要季节在秋冬至初夏，在其特殊的温、湿、光、气、肥和茬口条件下，最容易引发生理性病害，且具有突发性（即在一个较短的时间突然发病）、普遍性（几乎在整个温室或温室一个相对集中的区域内所有或绝大部分植株普遍发生）、相似性（受害植株几乎表现出完全相似或基本相似的症状）等特点。准确诊断病因，并采取科学有效的预防、调理措施，对确保日光温室瓜菜作物的持续优质高产至关重要。

一、定植初期不发苗

（一）田间症状

定植后，番茄、辣椒、人参果等幼苗生长迟缓，新叶迟迟不出，底叶发黄，或顶部叶片颜色深绿，组织僵硬；地下根部发黄，甚至褐变，新根少。

（二）引致原因

不发苗的直接原因是幼苗根系发育受阻。根系生长发育受阻则与以下两点有关：一是农肥未腐熟、或未捶细、或未深施、或用量过多，根系发育受阻所致。二是土壤药剂处理或药剂蘸（灌）根不当，也会影响番茄、辣椒等作物幼苗不扎根、不发苗。

（三）调控措施

1. 配方施肥

农家肥要腐熟、捶细、深施，且用量不宜过大，以免伤根。60~70 米大棚，可用硫基平衡型复合肥 1 袋（50 千克）、磷二铵半袋（25 千克）、金冠菌 2 袋（80 千克）或宝易生物有机肥 2 袋（80 千克）基施。

2. 药剂蘸根

定植前，采用药剂蘸根，可促根、防病虫，经济有效，值得推广。具体方法可见本章第一节番茄、人参果茎基腐病防治方法中的有关药剂蘸根部分。

3. 科学救治

当看到定植的番茄、辣椒、人参果等幼苗叶色深绿、迟迟不发苗后，20 间左右温室可用戴乐生根液 2 千克、或戴乐根喜多 1 桶（5 千克）、或微聚富里酸·钾 3~4 袋（600~800 克）、或海力润 1 桶（10 千克），兑水稀释后随水冲施，以缓解肥、药害，促进根系发育，缩短缓苗期，促苗早发。同时，可用 6%阿泰灵（寡糖·链蛋白）可湿性粉剂 1 袋（15 克）+植物生命源 1 袋（30 毫升），兑 15 千克水喷雾。间隔 5~7 天再用 6%阿泰灵（寡糖·链蛋白）可湿性粉剂 1 袋（15 克）+ 左膀右臂 1 盒（40 克），兑 15 千克水喷雾。

二、番茄、辣椒等落花落果

（一）田间症状

有时一穗花全部或部分脱落，或药剂点花后不久即脱落，或虽坐住，过上一段时间又落掉。

（二）引致原因

一是高温。在番茄、辣椒等生长期间，白天超过 30℃，或夜间超过 25℃时，植株生长迟慢，影响结果。温度超过 40℃生长停止，极易发生落花落果。

二是低温。番茄等茄果类蔬菜的最适气温为 20℃~25℃，气温低于

15℃影响植株生长和开花授粉，低于10℃生长缓慢，并可能出现只开花不结实现象。5℃时停止生长，易导致落花等生理性障碍。

三是弱光。充足的光照有利于花芽分化，可以促进结果，提高产量和品质。但冬季生产中往往由于光照明显不足，尤其出现连续阴天或降雪时，易发生落花落果。

四是药害。药剂种类过多、使用剂量过大、药肥混配不当、重复喷雾或灌根伤根，都会直接对花、果实尤其是幼果造成伤害，引致脱落。

五是肥害。基施未腐熟的农家肥，或生长期间追肥量过大、追肥方法不当，都会造成烧根，根系功能受损，影响养分吸收、输送，初花期发生落花、落果与此相关；叶面喷肥剂量偏大、混配不当，或使用一些未登记的伪劣假冒叶面肥，不但易发生伤叶，影响光合作用，而且会伤花、伤果，引致落花落果。

六是沤根。灌水过频、过量，易造成沤根，损伤根系，吸收活力减弱，进而使叶片因失水而发生萎蔫、焦枯症，影响养分吸收、输送和光合效率，引致落花、落果。

七是营养失调。下部果实结的多或未适时采收，大量营养被其吸收，往上输送的数量明显减少，会使作物茎秆变细，上部叶片瘦弱、花蕾瘦小，在发生"坠秧"的情况下，上部花或幼果，易发生脱落。在营养生长过剩、发生茎秆偏粗、叶片过茂的"徒长"情况下，也会影响生殖生长。

（三）调控措施

1. 温度管理

从有利于根系伸长、植株的生长发育及果实发育成熟等诸方面考虑，茄果类作物的温度管理一般掌握在白天20℃~25℃，夜间12℃~15℃为宜。

2. 光照管理

选用透光性好、增温速度快、消雾功能强、流淌性好、耐老化、保温效果好的棚膜，为冬、春低温季节提高室温、降低湿度、创造不利于传染性病害和生理性病害发生的环境条件奠定基础；在夏秋高温季节，适时用泥水泼洒棚膜外面或高温时段覆盖遮阳网，以防强光灼伤叶片或温度过高造成落花落果；深秋至早春低温季节，待阳光照到全棚后，就应及时拉帘（深冬外界气温较低时，待太阳照射 20~30 分钟后，再拉帘为宜，过早棚膜内会结冰，易引发冷害低温），坚持每天或隔天清洁棚膜一次，增加棚膜透光性，以提高光合效率，利于升温、排湿。栽植硬质大红番茄的密度要相对稀些，同时要及时吊蔓、科学整枝；农事操作结束时，可适当拉大两根挂蔓铁丝的距离，以利行间通风透光；阴雨雪天也要适时拉帘，充分利用散射光。

3. 水肥管理

农家肥要充分腐熟、捶细、深施，且不要过量；基施化肥要配方，数量不宜过量，提倡增施金冠菌、宝易生物有机肥；追施化肥数量不宜过大，要先充分溶解，均匀随水冲施；叶面喷肥浓度不要过大，忌重复喷施。从开花初期开始，7~10 天喷施一次钙尔美、或戴乐藻靓、或戴乐硼+满园花，也可于结果初期、盛果期随水冲施戴乐硼或神优。果实膨大期，可追施戴乐高钾肥、宝易高钾肥、劲土冲施肥等。深秋至早春温室灌水，一要坚持三看：看作物、看土壤、看天气；二要做到五浇五不浇：阴天不浇晴天浇、下午不浇上午浇、浇暗水不浇明水、浇温水不浇冷水、浇小水不浇大水。严禁强降温来临前、连阴雪雨天灌水。

4. 用药、肥管理

科学诊断，合理用药、用肥是预防药害引致落花落果的关键。不要大处方、高剂量喷施药、肥；采用"二次稀释"，不要直接将药剂、叶面肥倒在喷雾器滤网上用水冲稀释；喷雾要仔细均匀，严禁重复喷雾。

三、定植初期植株萎蔫

（一）田间症状

辣椒、番茄、人参果、黄瓜等定植后不久，即在田间出现萎蔫植株。典型症状是地上部叶片中午萎蔫，早晚恢复正常，反复几天，轻者逐渐恢复正常，严重的早晚也萎蔫，不久全株枯死。检查根系可发现：病株主根变褐，侧根、毛根不发。

（二）引致原因

苗期萎蔫，多为农家肥使用不当引致烧根所致。温室施用优质农家肥是夺取蔬菜优质高产的基础，也是预防、缓解温室土壤连作障碍的最有效的措施。但施用未腐熟的农家肥、或农家肥未捶细大块进地、或农家肥未深施、或农家肥施用量过多，不但因其温室高温条件下分解时产生的大量氨气熏伤作物叶片，而且分解时会在根系周围形成高温、或土壤溶液浓度过高，强行从植株根系索取水分烧伤主根，影响根系发育而发生萎蔫。

（三）预防措施

1. 科学施用农家肥

一要充分腐熟。农家肥必须经充分腐熟等无害化处理后方可进入温室，严禁生粪进棚入地。堆腐时要把好湿度关、密封关、翻倒关，这样可杀死病菌、虫卵、草籽，减轻病虫为害。二要捶细、过筛。腐熟的农家肥应该捶细、过筛，否则会对定植后刚扎出的新根造成烧伤，轻者影响发育，易造成"小老苗"，重者则会发生萎蔫，甚至死亡。三要深施。农家肥撒施后，一定要深翻、混匀。四要适量。农家肥用量也不是越多越好，过量施用也易发生烧根问题。

2. 对症救治调理

辣椒、番茄、黄瓜等迟迟不出新叶或发生轻微萎蔫后，首先，中午高温时段应该拉花帘遮阳、降温，以免加重萎蔫；其次，要结合灌水冲施劲土冲施肥、或戴乐生根液、或戴乐根喜多、或海力润等养根、促根。第三，可用6%阿泰灵（寡糖·链蛋白）可湿性粉剂1袋（15克）+植物生命源1袋（30毫升），兑15千克水喷雾。间隔5~7天再用6%阿泰灵（寡糖·链蛋白）可湿性粉剂1袋（15克）+利护1套（25克），兑15千克水喷雾。第四，根系受害严重、经救治仍萎蔫者，要及时拔掉补栽、或全棚重栽。

四、番茄顶裂果

（一）田间症状

顶裂果的果实脐部及其周围果皮开裂，有时胎座组织及种子随果皮外翻、裸露，且形状难看，因失去商品价值而不得不提前摘掉。

（二）引致原因

温室"冬春茬"番茄于春节前后普遍出现的顶裂果现象，与花芽分化期间低温、弱光有关。花芽分化期间连续遇到5℃~6℃以下的低夜温，极易出现畸形花和畸形果。夜温8℃左右，白天温度低于20℃时发生率也较高。此外，点花液浓度偏大、土壤缺钙，也易引致顶裂果。

（三）调控措施

从定植缓苗后，就应喷施钙尔美、或戴乐硼+满园花、或戴乐藻靓，间隔7~10天喷1次，尤其是低温期间，更应坚持喷施、或随水冲施。苗期至结果初期，白天管理以遮阳、降温、增湿为主，将温度控制在28℃以内；温室"冬春茬"番茄、拱棚"早春茬"番茄，管理的重点是提高夜间温度，尽量避免花芽分化期间低温，夜温要在10℃以上。夏秋高温季节，气温高，点花液浓度应该低一些，忌重复喷花，各花序的第一朵花容易产生畸形花，可在蘸花前疏掉。

五、番茄、辣椒脐腐果

（一）田间症状

番茄、辣椒最易发生脐腐果。初期在番茄果实顶部（脐部）、或辣椒椒条上出现水渍状暗绿色或深灰色小斑点，随症状发展，病斑扩大，病部凹陷、变硬、坏死，湿度大时着生黑色腐霉。

（二）引致原因

番茄、辣椒的脐腐病是由缺钙引起的。土壤中氮素、钾素等含量高时，会抑制钙的吸收。土壤干旱会使根对钙的吸收减少。土壤耕层浅、沙性大，土壤干旱不匀，极易出现脐腐病。

（三）调控措施

增施农家肥，配方施肥，避免施氮过多，特别是速效氮肥不要一次施用过多；增施土壤调理剂"戴乐稼富"以调理土壤酸性；适时灌水，防止土壤时干时湿，尤其不要使土壤过分干旱；于开花前开始喷施钙尔美、或戴乐藻靓，间隔 7~10 天喷 1 次。并结合浇水，冲施神优、或戴乐钙。

六、番茄空洞果

（一）田间症状

番茄空洞果是温室栽培经常会发生的一种生理病害。果实外观棱状鼓起，横剖面呈多角形。果实剖开可见明显的空腔，有些果虽无棱状，但果内也有空腔。

（二）引致原因

空洞果实果肉部与果腔部生长速度不协调，果肉部生长过快，果腔部生长慢，从而形成空洞。一是受精不良，即花粉形成时遇弱光、低温或高温等不利环境，致使花粉不饱满、花粉少或花药不能正常开放散粉，导致不能正常受精，无法形成种子，虽能坐果也难以肥大。二是激素蘸花用药浓度过大或重复蘸花，或蘸花时花蕾较小，都易产生空洞果。三是施肥过量或施用激素肥，膨果过快而引致空洞果。

（三）调控措施

点花药液浓度不宜过高，避免重复蘸花，避免蘸花过早（花瓣已伸长到喇叭状为宜），避免高温下蘸花。结果期防止光照不足和白天温度过高。于开花前开始，就应喷施钙尔美或戴乐藻靓，间隔 7~10 天喷 1 次。并结合浇水，冲施神优或戴乐钙。控制氮素均衡膨果，忌施激素肥。

七、番茄畸形果

（一）田间症状

正常的果实为球形或扁球形，4~6 个心室，放射状排列。而畸形果各式各样，田间常见的畸形果有纵沟果、椭圆果、偏心果、桃形果、菊形果、豆形果、尖头果、指突果及其他奇形怪状的果实。畸形果的花、萼片和花瓣数量较多，子房形状不正。温室冬春茬番茄易出现畸形果，尤其是在第一穗至第三穗花序上易出现。这些畸形果病症轻者降低商品等级，重者失去商品价值。

（二）引致原因

畸形果的发生源于花芽分化不正常，导致花芽分化不正常的原因是花芽分化期间低温和氮素营养过多。花芽分化期间连续遇到5℃~6℃以下的低夜温，极易出现畸形花和畸形果。夜温8℃左右，白天温度低于20℃时发生率也较高。因此冬季温室栽培期间或早春育苗期间温度过低，很易分化出畸形花。温室越冬栽培3月份出现畸形花、畸形果，就是因为1个多月前花芽分化时正逢低温期所致。此外，在使用番茄灵等点花液时浓度过高或进行浸花、喷花等处理方法不当时也容易形成尖头果。

（三）调控措施

选择耐低温、弱光性强，果实高桩形、皮厚、心室数变化较少的品种。幼苗花芽分化期，尤其是2~5片真叶展开期，即第一、第二花序上的花芽发育阶段，正处于低夜温诱发畸形果发生的敏感期，白天温度应控制在25℃~28℃，夜温不低于12℃，以利花芽分化；定植后，白天温度应控制在25℃~28℃，夜温不低于15℃。避免花芽分化期肥水过多，尤其防止氮肥过多。应禁止使用2,4—D浸花、喷花，不要随意加大番茄灵等点花液的使用浓度，尤其是第一穗花序的耐药性较差，应在适宜的温度下（18℃~20℃）使用低浓度药液蘸花，不能重复蘸花；蘸花后，加强肥、水管理，避免偏施或过施氮肥，适量增加磷、钾肥，以保障果实正常生长发育。一般花序的第一朵容易产生"鬼花"（重合花），可结合蘸花把它疏掉；发生畸形果后要及时摘除，以利正常花、果发育。降温前和低温期间，可喷施阿泰灵+暖冬防冻液，提高植株抗寒性；夜间可熏棚福，增温防冻。

八、番茄绿背果

（一）田间症状

果实变红后，在果实肩部或果蒂附近残留绿色区域斑块，始终不变红，果面红绿相间。绿色区的果肉较硬、味酸。

（二）引致原因

一是施肥不当：偏施氮肥、钾素过量，都会影响钙、硼等吸收；冲施富含激素的肥料，也是诱发花青果的重要原因。二是温室变化大：风口处早晚温差大、温湿度变化大，钙吸收受阻后影响花青苷的合成与输送。

（三）调控措施

1. 合理施肥

果实膨大期，可追施戴乐高钾型、或宝易高钾、或神优高钾肥。膨果快的大果型品种，最好追施戴乐高钾型+戴乐平衡型或宝易平衡型。番茄第一果实开始发白时、或绿背果发生初期，可追施荷叶碳能液体肥+神优、或劲土冲施肥+神优。

2. 巧喷叶肥

在有序落实合理施肥、科学管理等农艺措施的基础上，喷施果彤红+威旺+钙尔美，可有效预防番茄绿背果的发生，并对筋腐果、脐腐果也有很好的预防效果。具体方法：可于番茄5~6爪、头打掉后、第二次药后7天，各喷一次果彤红+威旺+钙尔美、或戴乐藻靓+果彤红，果色靓、成熟整齐度好。第一次重点喷布番茄植株中下部叶片、果实，第二、三次可全株均匀喷雾。

3. 科学管理

视季节、植株发育期不同，灌水间隔期也应不同。果实转色期，冬季一般15天左右浇1次水为宜，夏季一般10天左右浇1次水为宜，以保持土壤湿度适中。温室中午高温时段，应盖遮阳网、或喷洒泥水遮阳降温。

九、番茄乳突果

（一）田间症状

果实脐部明显凸起，形如乳状。

（二）引致原因

点花药剂质量低劣，或点花液浓度偏大，或重复蘸喷花易引致乳突果。

（三）调控措施

不提倡 2，4-D 点花。严格掌握番茄灵等点花液的浓度，一般秋冬春一大茬番茄，第一、二穗花开时气温较高，蘸花液浓度应适当低于推荐剂量，随着气温的逐渐降低，蘸花液浓度也可逐渐增加到推荐合理浓度即可；冬春茬番茄，第一、二穗花开，蘸花液浓度以推荐合理浓度为宜，进入 3~4 月气温渐高，蘸花的浓度要随之降低。蘸花要做好标记，杜绝重复喷、蘸花，以免浓度过高，造成药害。

十、番茄叶背变紫

（一）田间症状

番茄定植初期发生，叶片微卷，叶背脉色由暗绿色逐渐变为紫红色；番茄结果期一般先出现在温室前廊植株的中、上部叶片，叶色由暗绿色逐渐变为紫红色，尤以叶脉最为明显；尤其是在降雪连阴弱光、持续低夜温等不良环境下，室内地温也不断下降，根系吸收活力严重受阻，温室中部及后廊风口处的植株叶背也会变紫。症状较重时，显症植株的叶片也多向内卷曲。

（二）引致原因

番茄叶片背面变紫是植株缺磷所致。磷是决定植株根系数量多少的主要成分，并对花芽分化起着重要作用，可加速开花、结果和成熟。温室磷肥用量普遍较大，一般不会缺磷。主要是低温影响磷吸收不良所致。冬春茬番茄定植初期，若遇降雪连阴天，室内夜温连续几天处于 6℃ 左右，根系生长发育缓慢，对磷的吸收弱时，易出现叶片变紫现象；番茄中后期若遇到持续低温天气，极易发生缺磷植株。

（三）调控措施

提高磷的吸收利用率是预防或缓解叶背变紫症状的关键。磷肥以基施为主，并根据磷移动较小易被土壤固定的特点，最好与农家肥混匀后深施、集中施，以保持磷素的持久有效性。深秋至早春气温较低时，温室管理的重点是尽力使夜间温度不低于 10℃，为此应配套落实清洁棚膜、适时拉帘（阴雨雪天也要充分利用散射光）、收风口、盖帘子、多层覆盖、增设碘钨灯等保温、增温措施，以利升温排湿，提高夜间温度。寒流或降雪来临之前，可喷施阿泰灵+暖冬防冻液、或磷酸二氢钾+农通达，以提高植株抗寒能力。植株出现叶片卷曲、叶脉发紫症状时，应适时、适量冲施戴乐高磷型或戴乐能量+海力润等，并喷施戴乐能量+农通达、或宝易磷酸二氢钾+农通达，7天左右喷1次，连喷2~3次。

十一、番茄生理性卷叶

（一）田间症状

通常是由不良环境条件和管理措施不当造成的。从整个植株看，轻者仅下部叶片或中、上部叶片卷曲，重者整株卷叶。从叶片卷曲程度看，轻者仅叶缘稍微向上卷，重者卷成筒状，同时叶片变厚、变脆、变硬，使番茄果实变小，严重卷叶会导致坐果率降低，品质下降，产量锐减。

（二）引致原因

整枝、摘心过重，植株上留的叶片过少时，还会影响根系发育，制约水分养分的吸收和供给，易诱发卷叶；番茄叶片大而多，蒸腾作用旺盛，在高温、强光条件，番茄的吸水弥补不了蒸腾损失，造成植株体内水分亏缺，致使番茄叶片萎蔫卷曲，尤其是果实膨大期，若土壤缺水或根系因施肥烧根、灌水沤根、灌药伤根等受损时，番茄卷叶会严重发生；土壤中严重缺水，植株呈现干旱时，下叶卷曲，属于为减少水分蒸发的生理适应性反应；为预防喜湿性病害发生与流行，往往会强调降低温室内湿度，若造成室内空气过于干燥，也会造成水分供应不平衡，从而引起生理性卷叶；氮肥施用过多，或土壤中缺铁、锰等微量元素，植株体内养分供应失去平衡，因前期代谢功能紊乱，也会引起番茄卷叶；遇连阴雨或长期低温寡日照而后暴晴，会引起番茄失水卷叶。

（三）调控措施

增施金冠菌、或宝易生物有机肥，控制氮肥，做到供肥适时适量。合理灌溉，晴天上午单沟小水浅浇，避免高温的中午灌水；干燥造成的卷叶时可叶面喷水或灌水。要及时放风降温、排湿，放风量要逐渐扩大，严禁一次性拉大风口放大风。高温季节温室风口全部打开后仍无法有效降温时，可利用遮阳网或拉花帘降温；正确使用点花液，低温时取推荐剂量的上限，高温时取推荐剂量的下限，避免激素污染果面和生长点；可用6%阿泰灵（寡糖·链蛋白）可湿性粉剂1袋(15克)+植物生命源1袋（30毫升），兑15千克水喷雾。间隔5~7天再用6%阿泰灵（寡糖·链蛋白）可湿性粉剂1袋（15克)+0.01%农通达（24-表芸苔素内脂）可溶液剂1袋（10毫升），兑15千克水喷雾，以提高叶片的抗逆性，预防卷叶发生或缓解卷叶症状。

十二、番茄、辣椒、茄子顶叶黄化

（一）田间症状

多发生在番茄、辣椒、茄子生长的中后期，先是部分区域的植株顶部新出的幼叶开始黄化，不久棚内绝大多数植株顶叶出现此类症状，植株生长缓慢，果实膨大受阻。

（二）引致原因

盛果期番茄、辣椒、茄子对微量元素的需求也随之增大，若土壤中铁素不足或根系活力弱而吸收不良，极易发生顶叶黄化症。

（三）调控措施

发生前或零星发生初期，及时用70%喜多生（丙森锌）可湿性粉剂1袋(25克)+禾丰铁1袋（15毫升），兑15千克水全株均匀喷雾，5~7天喷1次，连喷2~3次。结合浇水，可冲施劲土冲施肥、或海力润+神优，以促进根系活力、补充铁素等中微元素。

十三、番茄、辣椒黄化斑叶（缺镁症）

（一）田间症状

在果实膨大期，植株下部老叶叶脉间叶肉褪绿、黄化，形成黄色花斑，叶面似绿网。严重时叶片略僵硬，边缘上卷，黄斑上出现坏死斑点，并可在脉间愈合成褐色块，致使叶片干枯，整叶死亡。随着病情加重，症状会向中、上部叶片发展，直至全株叶片黄化。诊断时不要和番茄叶霉病混淆。

（二）引致原因

钾肥施用过量、或土壤呈酸性、或土壤含钙较多，影响了番茄、辣椒对镁的吸收所致。有机肥不足或偏施氮肥，也会造成植株缺镁。尤其是棚内土温偏低时，会影响镁的吸收，极易诱发缺镁症。植株根系活力受阻，也会影响镁吸收。

（三）调控措施

基施土壤调理剂"戴乐稼富"，调理土壤偏酸问题。施足腐熟农家肥，氮磷钾配合施用，避免氮、钾过多。白天温度控制在20℃~28℃，夜间温度在15℃左右（尤其是冬春季节，尽力使夜温不低于10℃）。发生缺镁症初期，可用0.01%农通达（24-表芸苔素内酯）可溶液剂1袋（10毫升）+戴乐扶元液1~2袋（20~40克），兑15千克水叶片喷雾，5~7天喷1次，连喷2~3次。并结合浇水，冲施劲土冲施肥、或海力润+戴乐扶元液、或神优等养根、补镁，缓解症状。

十四、番茄、辣椒、茄子蕨叶症（假病毒）

（一）田间症状

番茄、辣椒、茄子苗期至成株期都会发生。一般多发生在植株顶部新出的叶片上。叶片下弯、僵硬、细小，小叶不能展开，纵向皱缩，叶缘扭曲畸形，似蕨叶病毒症状。发生轻者可以通过及时、合理救治，使其新出的叶片得以恢复正常；重者或救治不当者，原来病叶会变为"鸡爪"，新出的叶片仍呈蕨叶状，只有提前拔掉。

（二）引致原因

1. 植物生长调节剂使用不当引致

用大田喷过2,4-D等除草剂的喷雾器在温室内喷药或喷肥，造成残留药害；采用2,4-D喷花、或大田喷2,4-D等除草剂时防护不利，引致飘逸药害；乱用、滥用植物生长调节剂或劣质叶面肥，造成激素药害。

2. 温室温度过高引致

番茄、辣椒、茄子苗期白天适温为20℃~25℃，开花结果期白天适温为20℃~28℃。温度过高，尤其出现35℃以上的极端高温，番茄、辣椒、茄子叶片的生理活动必将受到影响，轻者引致蕨叶，重者灼伤叶片。

（三）调控措施

1. 预防和救治因植物生长调节剂引致的蕨叶症要点

一是温室用的喷雾器必须专用。装有2,4-D等除草剂的药瓶、被2,4-D等除草剂污染了的衣服及大田用的喷雾器不能放置在棚内，更不能用喷过2,4-D等除草剂的喷雾器喷药。

二是番茄不提倡用2,4-D点花，若在气温较低时用，浓度要轻，只能涂抹花梗，不能蘸、喷花；茄子若用2,4-D药液蘸花柄时，避免将药液滴到嫩叶上。

三是春、秋季节，棚外大田喷洒除草剂时，风口要盖严实，尤其是棚前底部棚膜要压严，尽量在无风或微风时喷雾，且喷头上要加防飘逸的专用罩，以防发生飘逸药害。

四是番茄、辣椒、茄子上可以喷施植物生长调节剂，但应选择质量可靠、副作用小的品种，且使用浓度不宜偏高、连续喷雾至多2次、间隔期要在10天以上。

五是防止滥用叶面肥，尤其是不要喷施含有激素类的劣质叶面肥。

六是病害发生初期，可用6%阿泰灵（寡糖·链蛋白）可湿性粉剂1袋（15克）+植物生命源1袋（30毫升），兑15千克水喷雾。药后5~7天再用6%阿泰灵（寡糖·链蛋白）可湿性粉剂1袋（15克）+左膀右臂1盒（40克），兑15千克水喷雾。一般喷过2次后，停止喷任何叶面肥及植物生长调节剂，让其发新叶。

2. 预防和救治因高温引致的蕨叶症要点

一是温室风口设置要合适，以70~80厘米为宜，风口过小不利高温季节放风降温。

二是高温季节的中午时段，风口全部拉开后温度仍降不下来时，最好采用拉花帘、盖遮阳网降温，一般不要放底风，以免棚内过于干燥而诱发纵裂果、纹裂果。

三是白天室温保持在 20℃~25℃，最高不要超过 30℃。若管理不善使室内高温过长时千万不要"立马防大风"，应拉花帘降温至 20℃后再拉起帘子，进入正常管理。否则，极易"闪秧"伤叶。

四是病害发生初期，可用 6%阿泰灵（寡糖·链蛋白）可湿性粉剂 1 袋（15 克）+植物生命源 1 袋（30 毫升），兑 15 千克水喷雾。药后 5~7 天再用 6%阿泰灵（寡糖·链蛋白）可湿性粉剂 1 袋（15 克）+左膀右臂 1 盒（40 克），兑 15 千克水喷雾。一般喷过 2 次后，停止喷任何叶面肥及植物生长调节剂，让其发新叶。

十五、化肥烧叶症

（一）田间症状

番茄、辣椒、黄瓜等作物追过肥 1~2 天或 2~3 天后，棚内部分区域或全棚的叶片有问题了。室内温度还未超过适温范围的上限，但叶片就开始萎蔫。轻者部分叶片稍微萎蔫，早晚又恢复症状，经过调理七八天后就会恢复正常，对产量影响不大；重者全株叶片都会萎蔫，早晚也难以恢复，而且下、中部叶片会在几天之内发黄、枯死，上部花多坐不住而落掉，果实膨大或成熟缓慢，经过调理半月左右可以恢复，但对产量影响较大。特严重者，难以恢复，逐渐枯死。

（二）引致原因

化肥施用不当烧根。温室瓜菜作物生育期长、产量高，往往会多次追施化肥。但若边搅化肥边冲施、或过量冲施化肥（菜价好时、植株弱时）、或将化肥直接在株旁开沟或株间挖穴追施，都易发生损伤根系、影响吸水能力。高温时段，地温高，化肥利用率也高，过量追肥也易烧根。冲施激素肥、或劣质肥也易发生烧根伤叶现象。

（三）调控措施

根据作物长势及生育期确定追肥种类及数量，数量不宜过大；追肥应随水冲施，不提倡化肥直接在株间挖穴追施；灌水前，先将要施的各种化肥兑水稀释，浇水时按垄按量均匀随水慢慢冲施。不施激素肥或登记证号不合适的假冒伪劣肥。

发生化肥烧根伤叶后，首先，要及时拉花帘遮阳降温，防止萎蔫加重；其次，可冲施劲土冲施肥、或海力润养根、解害。轻者冲施1次见效，重者连续冲施2次可恢复。

十六、高温烧叶、伤果

（一）田间症状

温室内发生极端高温后，轻者叶缘或叶面部分区域因失水、失绿，进尔萎蔫、焦枯，影响光合作用。重者还会灼伤果面肩部，严重影响果实商品性。

（二）引致原因

高温季节，温室或大棚若未及时放风，棚内很快会出现35℃甚至40℃以上的致死高温，极易发生高温烧叶、伤果。

（三）调控措施

适时放风、降温、排湿，风口拉大后，温室内温度仍降不下来时，应拉花帘遮阳降温，尽量使温度不超过30℃。发生烧叶初期，可用6%阿泰灵（寡糖·链蛋白）可湿性粉剂1袋（15克）+植物生命源1袋（30毫升）、或6%阿泰灵（寡糖·链蛋白）可湿性粉剂1袋（15克）+0.01%农通达（24-表芸苔素内脂）可溶液剂1袋（10毫升），兑15千克水交替喷雾调理。

十七、沤根

（一）田间症状

多发生在番茄、辣椒、茄子、黄瓜等作物灌水后，尤其是阴雨天灌水后最易发生。初时，一直生长正常的植株，中午高温时段植株中上部叶片发生萎蔫，早晚可恢复正常，重时则持续萎蔫直至枯死。拔出根系可见毛根稀疏发黄，主侧根呈黄褐色腐烂。

（二）引致原因

主要是因根系缺氧所致。在番茄、辣椒等生长过程中，若灌水过量、或低洼积水、或阴雨天浇水、或灌水间隔期较短、或串灌漫灌等，都易引致其沤根。尤其是辣椒主根粗、根量少、根系生长慢，受伤后再生能力也弱，且对水分要求严格，既不耐旱也不耐涝。辣椒被水淹数小时就会发生萎蔫，严重时植株死亡。

（三）调控措施

实行高垄全膜覆盖栽培，水沟深浅适宜不积水；采取膜下小水浅灌，忌串灌、漫灌、阴雨雪天灌水及灌水淹垄。一旦因沤根引致植株萎蔫后，首先要在中午高温时段采取拉花帘降温，以防萎蔫程度加重；其次，可冲施劲土冲施肥、或海力润养根、解害。轻者冲施1次见效，重者连续冲施2次可恢复。

十八、辣椒、人参果褐斑叶

（一）田间症状

主要发生在冬季至早春低温、弱光时段。多从前廊植株上先发生。初时叶面出现不规则的褪绿斑，叶背则呈褐色斑。重时褐色斑连片发生，叶色发黄，易脱落。

（二）引致原因

主要由低温、高湿、弱光引致。深冬季节，日照时间短、光照强度弱，棚内夜温较低、湿度较大，褐斑叶最易发生。

（三）调控措施

选用质量好的棚膜的同时，注意清洁棚膜，提高透光性；有序落实适时拉帘、清洁棚膜、放风排湿、因天气收风口、棚前加立帘、双层覆盖、棚内架设碘钨灯或夜间熏棚福等蓄温、保温、增温措施。采取膜下小水浅灌，忌串灌、漫灌、阴雨雪天灌水或灌水淹垄，尽量降低棚室内湿度。寒流来临前可用 6%阿泰灵（寡糖·链蛋白）可湿性粉剂 1 袋(15 克)+植物生命源 1 袋（30 毫升）、或 6%阿泰灵（寡糖·链蛋白）可湿性粉剂 1 袋(15 克)+0.01%农通达（24-表芸苔素内脂）可溶液剂 1 袋（10 毫升），兑 15 千克水喷雾，以提高辣椒、人参果的抗低温能力。

十九、辣椒紫斑果

（一）田间症状

紫斑果是指绿色果面上出现大小不一、形状不固定的紫色斑块。一个果实上紫色斑块少则一块，多则数块。严重时整个果面布满紫斑。

（二）引致原因

辣椒紫斑果是由于植株根系吸收磷素困难，出现花青素所致。日光温室、拱形大棚施磷较多，土壤一般不会缺磷。植株缺磷主要是由于温度低，特别是深秋至早春，遇到降雪或连阴天，棚室气温、地温均低，致使根系吸收活力降低而吸收磷素困难。

（三）调控措施

定植前，结合整地施基肥，增施土壤调理剂——戴乐稼富，以调理酸性土壤，促进根系发育和磷素吸收。定植时，穴施微生物菌剂——粉钻、或"灌根宝"。结合灌缓苗水追施戴乐根喜多、或海力润。深秋至早春季节，要有序落实蓄温、保温、增温措施，尽力将地温保持在 10℃以上，以抑制花青素的产生。寒流来临前后，可用 6%阿泰灵（寡糖·链蛋白）可湿性粉剂 1 袋(15 克)+暖冬防冻液 20 毫升、或利护 1 袋(25 克)+暖冬防冻液 20 毫升，兑 15 千克水叶面喷雾，以提高抗寒、耐寒能力。辣椒果实生长期间，可用戴乐藻靓 15 毫升+磷酸二氢钾 25~30 克、或钙尔美 20 毫升+戴乐能量 30 克，兑 15 千克水叶面喷雾，7~10 天喷 1 次，连喷 2~3 次。

二十、辣椒、番茄无籽果

（一）田间症状

辣椒果实短小、扁平、转色早，果腔内少籽或无籽。番茄果腔内无籽、果实难膨大，且专色早。

（二）引致原因

辣椒、番茄结果期间，若遇到低于10℃以下的低温，影响花粉发育及授粉，易发生无籽果。

（三）调控措施

深秋至早春低温季节，注意有序落实蓄温、保温、增温、补光等措施，叶面喷施能够提高辣椒抗逆性的阿泰灵+农通达及有利保花、促果、增产的钙尔美、戴乐藻靓、戴乐硼+满园花等叶面肥。

二十一、黄瓜叶片灼伤

（一）田间症状

叶片的灼伤多发生在温室南部植株的中、上部叶片上，尤其是刚换新棚膜后最易发生。受害初期，先在叶脉之间出现灼伤斑，随后被灼伤部位褪绿发白，进而斑块连成大片，严重时整个叶片变成白色。

（二）引致原因

直接原因是高温、强光。在日光温室秋冬茬、冬春茬及拱形塑料大棚春提早、秋延后的栽培中，遇到土壤干燥、相对湿度低于80%时，一旦晴天中午不通风或通风量不够，使棚室内的温度达到40℃左右高温时，叶片极易被灼伤，尤其是更换棚膜后更容易被灼伤。高温闷棚不当也会灼伤叶片。

（二）调控措施

盛夏、初秋时段，太阳光线强、气温高，棚室内温度上升快，为防止灼伤叶片，晴天中午高温时段，可采取覆盖遮阳网、或拉花帘、或在棚膜上面泼洒泥水等措施遮光、降温。棚室内温度达到黄瓜最适温度的上限时，就应及时通风降温。科学灌水，保持适宜的相对湿度。发生初期，可喷施阿泰灵+植物生命源、或阿泰灵+农通达等，以提高黄瓜等作物的抗逆性。

二十二、黄瓜金边叶

（一）田间症状

发病初期在部分叶缘及整个叶缘发生整齐的黄褐色干边，干边深达叶内 2~4 毫米，但组织一般不坏死，严重时引起叶缘干枯或卷曲，上部叶骤然变小，部分叶片呈"降落伞"，生长点紧缩。

（二）引致原因

一是控水过度、土壤水分少、土壤溶液浓度高的情况下，植株对钙的吸收受阻所致。二是农家肥、或化肥用量过多，土壤溶液浓度过大，根系生长发育受阻所致。三是土壤、或粪肥、或灌溉水盐分含量偏高，引致盐害所致。四是喷施农药浓度过大、叶缘富集药液，也会引致金边叶。

（三）调控措施

农家肥要充分腐熟、捣细、深施，且用量不要过大，尽量少施或不施从沙漠内拉的含盐量较高的羊粪。苗期控水要适度，结瓜期要根据温度变化、植株长势等科学灌水。冬季及早春季节，要有序落实蓄温、保温、增温措施，以提高地温，促进根系活力。对于因钙吸收不良引致的金边叶，可用钙尔美 1 袋（10 克）、或戴乐藻靓 1 袋（15 克），兑 15 千克水叶面均匀喷雾。间隔 7~10 天喷 1 次，连喷 2~3 次。追肥不当引致金边叶后，及时冲施劲土冲施肥、或海力润养根，并用 0.01%农通达（24–表芸苔素内酯）可溶液剂 1 袋（10 毫升)+植物生命源 1 袋（30 毫升），兑 15 千克水全株喷雾。喷雾压力要足、雾化要好，尽量降低叶缘富集药液。

二十三、黄瓜泡泡叶

（一）田间症状

冬茬、冬春茬及早春茬黄瓜最易发生，且多产生在叶片正面，初在叶片上产生直径 5 毫米左右的鼓泡，逐渐增多。病叶正面凸起、背面凹进，叶片凹凸不平（呈癞蛤蟆皮状）。凹陷处虽呈白毯状，但无病菌；凸起部位逐渐褪绿，后变为黄至灰黄色。

（二）引致原因

其产生与不良环境条件有关，特别是低温、弱光下最易发生，且病情较重。连阴天控水、晴天升温后灌大水等均易发生泡泡病。

（三）调控措施

选用透光率高、保温性强、防尘性好的棚膜，并保持棚膜干净；早春、深冬要有序落实蓄温、保温、增温措施，室内地温应保持在15℃~18℃；深秋至早春灌水，要在晴天上午灌温水，采用单沟小水膜下暗灌，严禁阴雪天灌水、或大水漫灌；寒流来临之前、寒流过后，可用0.01%农通达（24-表芸苔素内酯）可溶液剂1袋(10毫升)+暖冬防冻液20毫升、或6%阿泰灵（寡糖·链蛋白）可湿性粉剂1袋(15克)+暖冬防冻液20毫升，兑15千克水喷雾，以提高抗寒能力、缓解泡泡叶等异常症状；冬茬、冬春茬生产时，可在温室后墙上张挂反光膜，以增温补光。

二十四、黄瓜勺状叶

（一）田间症状

顶部叶片内卷呈勺状，或中下部叶片内卷呈勺状，叶缘焦枯，叶色变深。

（二）引致原因

顶叶呈勺状系缺钙引致；中下部叶片呈勺状，则为喷施药剂浓度偏大、或重复喷药、或高温时段喷药等引致。

（三）调控措施

结合浇水，冲施神优、或戴乐钙；喷施钙尔美、或戴乐藻靓，5~7天喷1次，连喷2~3次。科学用药、安全用药。出现药害引致的勺状叶后，可用6%阿泰灵（寡糖·链蛋白）可湿性粉剂1袋(15克)+植物生命源1袋(30毫升)，兑15千克水喷雾。过5~7天，再用6%阿泰灵（寡糖·链蛋白）可湿性粉剂1袋(15克)+0.01%农通达（24-表芸苔素内酯）可溶液剂1袋(10毫升)，兑15千克水喷雾。

二十五、黄瓜急性萎蔫

（一）田间症状

多发生在深秋至早春季节。已进入结果初期或采收盛期，且一直生长发育健壮的植株，遇到低温降雪或连阴天骤晴后，早上揭开帘子，温度尚未达到适宜温度的上限，黄瓜叶片就会出现萎蔫现象，到晚上又逐渐恢复，在外观上看不出异常现象，如此反复2~3天，植株不再恢复而枯死，死后瓜秧仍保持绿色，故俗称"青枯"。拔出根系检查，毛根较少，主根、侧根正常，剖开茎部维管束正常。

（二）引致原因

黄瓜的这种急性萎蔫症，发病迅速，难以防治。其原因是连续阴雪天时，无法揭开草帘或棉被帘，室内气温、地温都很低，根系活力很微弱，吸收能力锐减，无法进行光合作用，植株处于饥饿状态；一旦骤晴，揭开帘子，光照充足，气温上升很快，空气湿度下降，叶面水分蒸发量大，而地温仍低，根系弱，根部吸水满足不了地上蒸腾的水分消耗，就会出现急性萎蔫现象。如果不及时采取针对性强的措施，暂时性萎蔫得不到恢复，就会成为永久性萎蔫。

（三）调控措施

培育壮苗，实行高垄栽培，定植密度要适宜；农家肥要充分腐熟、捶细、深施，以防烧根；结合浇缓苗水，冲施戴乐根喜多、或海力润养根促根；加强定植后管理，适度蹲苗，促进根系发育，增强吸肥、吸水能力；科学灌水追肥，防止烧根、沤根，保持植株生长健壮，特别要防止植株徒长和早衰；连阴天也要注意利用散射光；适时揭苫、通风、排湿，提高地温，促进根系活力。连阴雪天骤晴后的第1~2天，一定要"揭花苫"、或遮阳，以免棚温提升过快，使叶片失水又得不到补偿而萎蔫；寒流或连阴雪天来临之前、寒流或连阴雪天过后，可用0.01%农通达（24-表芸苔素内酯）可溶液剂1袋（10毫升）+暖冬防冻液20毫升、或6%阿泰灵（寡糖·链蛋白）可湿性粉剂1袋（15克）+暖冬防冻液20毫升，兑15千克水喷雾，以提高黄瓜的抗低温、耐弱光能力。

二十六、黄瓜花（瓜）打顶

（一）田间症状

黄瓜幼苗时，各节节间短缩、植株矮小，叶面不平而叶色呈深绿色，茎顶端的生长点消失，而密生小瓜或出现雌雄花相间的花簇，植株处于停滞状态，此现象称为"花打顶"。有时部分或大部分黄瓜植株在生长点周围丛生雌花而自封顶，或成为只有老叶而无新叶的雌花封顶株，称为"雌花打顶"。或植株纤弱，叶色淡黄，叶片小而薄，生长缓慢，节间缩短，在生长点周围丛生雄花而自封顶，成为"雄花打顶"。

（二）引致原因

一是肥害：施用未腐熟、未捶细的农家肥，或农家肥未深施、或农家肥用量过多；基施、追施化肥过量，或局部施肥不均匀等引致烧根，使根系吸收能力下降而发生"花打顶"。

二是干旱：苗期水分管理不当，定植后控水蹲苗过度；高温时段地温高，灌水不及时等干旱因素诱发"花打顶"。

三是沤根：串灌漫灌、或低洼积水、或大沟灌溉、或灌水淹垄、或降温前灌水等，使土壤相对湿度过大、根际周围氧气缺乏，极易发生沤根而引致"花打顶"。

四是低温：日光温室建棚质量较差（温室墙体较薄、或后屋面仰角偏低等）、或购买的棚膜质量不好（透光性、消雾性、流淌性、耐洁性、保温性较差）、或覆盖的草帘或棉被帘质量不好等，在遇到低温、寡日照时，尤其是遭遇强降温降雪或连阴天后，白天光合作用弱，夜间温度低于10℃，致使白天光合作用制造的养分不能及时输送到各部分而积累在叶片中，使叶片浓绿皱缩，造成叶片老化，光合机能急剧下降而导致"花打顶"。

五是病害：黄瓜霜霉病、角斑病、白粉病等病害流行快、灾害性强，若忽视防治、或防治滞后，会在短时间内使大量叶片因病失去功能，光和效率明显减弱而导致"花打顶"。

六是药害：为使黄瓜结瓜早、瓜码密，在幼苗 1~4 片真叶使用浓度较高的乙烯利等激素药液，或在土壤较干旱时使用了乙烯利等激素药液，易诱发"雌花打顶"。片面追求速效、高效，大处方、高浓度、频繁喷布杀菌剂等农药，虽防病效果好，但极易伤害叶片，影响光合效能而导致"花打顶"。

（三）调控措施

育苗时，要根据品种特性、茬口等适期育苗，适度控水，加强管理，培育适龄壮苗；要适时移栽，避免幼苗老化，若不能按正常苗龄定植时，可将苗床内温度调控在适温的下限附近，但不能缺水；冬春茬育苗和早春茬育苗时，此期每日的光照时数和昼夜温差可以满足雌花发育形成的条件，不宜使用乙烯利等激素药液促生雌花。定植时，农家肥一定要腐熟、捣细、深施，且用量不宜过多，以防烧根；化肥基施要氮磷钾配合施用，忌偏施氮肥或过量施；最好选用透光性、保温性、消雾性、流淌性、清洁性、耐用性俱佳的 PO 涂层棚膜。定植后，深秋至早春温室灌水，一要坚持三看，即看作物、看土壤、看天气灌水；二要做到五浇五不浇，即阴天不浇晴天浇、下午不浇上午浇、浇暗水不浇明水、浇温水不浇冷水、浇小水不浇大水，严禁强降温来临前、连阴雪雨天灌水；病虫害防治立足于早预防、早救治，忌大处方、高剂量、频繁喷药，以保护好叶片，提高光合效率。定植初期，若发生花（瓜）打顶，应及时摘除大部分雄花或雌花，并用 0.01% 农通达（24-表芸苔素内酯）可溶液剂 1 袋（10 毫升）+6% 阿泰灵（寡糖·链蛋白）可湿性粉剂 1 袋（15 克），兑 15 千克水叶面喷雾，以促进心叶生长发育，尽快恢复正常；结瓜期间，若发生花（瓜）打顶，可结合灌水冲施劲土冲施肥、或海力润，并用 6% 阿泰灵（寡糖·链蛋白）可湿性粉剂 1 袋（15 克）+植物生命源 1 袋（30 毫升），兑 15 千克水叶面喷雾。间隔 5~7 天后，再用 6% 阿泰灵（寡糖·链蛋白）可湿性粉剂 1 袋（15 克）+左膀右臂 1 盒（40 克），兑 15 千克水叶面喷雾，即可恢复正常。

二十七、黄瓜跳节

（一）田间症状

黄瓜无雌花，俗称"跳节"。黄瓜在温室、大棚栽培中，一般4~5片叶时就有花蕾，7~8片叶时在第三至第四节处开始出现雌花。若管理不善时，就会出现好几节只开雄花而无雌花的现象，甚至以后雌花也很少。

（二）引致原因

黄瓜"跳节"多发生在夏、秋季育苗或在春季育苗偏迟时。有的农户不了解黄瓜性别分化原因，只认为大肥、大水、提高温度就可以促进生长。殊不知，这样往往造成营养生长过旺、叶片过大而影响生殖生长，最后造成雄花数目增多的"跳节"现象。这是因为黄瓜属于雌雄异花同株植物，在一个植株中，既开雌花又开雄花，雌雄有一定比例。雌雄数目多少除与品种固有特性有关外，主要受环境条件和植株营养状况的影响。一般在低夜温（13℃~15℃）、短日照（8小时）条件下，黄瓜幼体内氮化合物较少而碳水化合物较多时，则利于雌花形成。相反，在高夜温（18℃以上）、长日照（12小时以上）、湿度大的条件下，氮化合物较多而碳水化合物较少时，则雌花较少。

（三）调控措施

苗床营养土要加入适量磷、钾肥，减少氮肥用量。当黄瓜第一片真叶展开后，及时降低夜温（维持在13℃~15℃），同时采取遮阳措施，每天光照缩短在8小时左右。土壤保持湿润，降低空气相对湿度。增施二氧化碳气肥。可用脉滋1袋（50克），兑15千克水喷雾，间隔10天再喷1次，以增加"回头瓜"率。

二十八、黄瓜化瓜

（一）田间症状

化瓜是指黄瓜雌花开败后，小瓜条不继续生长膨大，并由瓜尖开始逐渐变黄、干瘪，最后干枯、脱落的现象。日光温室、塑料拱形大棚内最易发生化瓜现象。

（二）引致原因

在低温、弱光等不利环境下，若黄瓜雌花很多，要使每个雌花都长成商品瓜几乎是不可能的，适度的化瓜是正常的。如果各节雌花不多又化掉，则与以下因素有关：

一是低温弱光：苗期或生长期遇到连阴天等低温弱光天气，必然使温室内温度低、光照不足、植株光合作用弱、制造的养分少，不能满足每个瓜条生长发育对养分的需求。室内温度白天低于20℃，晚上低于10℃，根系吸收活力也减弱，从而导致植株因"饥饿"而化瓜。

二是昼夜高温：温度过高也会造成化瓜，在正常二氧化碳浓度和空气湿度下，当白天温度超过35℃时，植株光合作用制造的养分与呼吸作用消耗的养分达到平衡，使养分得不到积累；夜温高于18℃，呼吸作用增强，养分消耗过多，使瓜条得不到养分的补充而化掉。

三是管理不当：在氮肥施用量大和水分充足、光照不足的情况下，植株徒长，养分被分配到新生茎叶中，也容易出现化瓜；施肥不足、控水过度，则植株长势弱、叶片小，若雌花过多，部分雌花就会化掉。频繁追施含有大量激素的肥料、或叶片喷施激素药及含有激素的叶面肥，易使植株早衰而导致化瓜。定植过密、茎叶徒长、田间密闭、通风不良时，也易引起化瓜。早晨不进行短时通风，室内空气不流通，日出后光合作用强烈，使二氧化碳浓度迅速降低到0.01%以下，很难满足光合作用对二氧化碳的需要，致使有机营养不足而引起化瓜。摘瓜过迟（特别是结瓜初期），易发生"坠秧"，导致几个大瓜上面的小瓜条因营养供应不足而化掉。灌水不合理（大水漫灌淹旱塘、灌水过量积水、强降温或连阴天来临前灌水）引致沤根、或施肥不当（施用大量未腐熟农家肥、植株附近挖埋化肥、追施化肥或猪粪尿过量等）引致烧根、烧叶，都会影响根系吸收活力和光合作用效率而导致化瓜。

四是病害药害：黄瓜霜霉病、细菌性角斑病等发生较重，造成植株中上部叶片早枯，直接影响光合作用而导致化瓜；叶面喷施农药、叶面肥不当造成药害，或烧伤叶片引起化瓜，或直接伤及幼瓜而化掉。

（三）调控措施

温室冬、春茬栽培黄瓜，宜选用耐低温、耐弱光、节成性好的品种。定植时，农家肥一定要腐熟、捣细、深施，且用量不宜过多，以防烧根；基施、追施化肥要氮磷钾配合施用，忌偏施氮肥或过量施。深秋至早春温室灌水，要看作物、看土壤、看天气灌水，实行小水膜下暗管，严禁强降温来临前、连阴雪雨天灌水。要根据品种株型、叶片大小等确定栽植密度，看天气状况和植株长势，来调节植株上的雌花数量，并及时采摘长成的瓜条，特别是根瓜更要及时采收。深秋至早春的早晨拉起保温帘子后，进行短时间的空气置换（视温室外气温确定开启风口大小及湿气置换时间，一般风口开5~15厘米，时间为5~10分钟），通过空气流通排除室内有毒气体、补充二氧化碳；最好在温室内吊挂二氧化碳气肥。出现大量化瓜后，棚室温度应从低掌握，晴天保持23℃~25℃，夜间10℃~12℃；温度过高时，应加强通风管理，将棚室温度控制在适于黄瓜正常生长发育的范围内。病虫害防治立足于早预防、早救治，忌大处方、高剂量、频繁喷药，以保护好叶片，提高光合效率。结瓜较多时，应冲施劲土冲施肥、或海力润等养根，并交替叶面喷施戴乐藻靓、新根叶宝、钙尔美等；寒流来临前后，可用6%阿泰灵（寡糖·链蛋白）可湿性粉剂1袋（15克）+暖冬防冻液20毫升，兑15千克水叶面喷雾。

二十九、黄瓜弯瓜

（一）田间症状

在正常情况下，黄瓜的瓜条基本上是直形的，当瓜条弯曲程度达到75°以上时成为弯曲瓜，简称弯瓜。

（二）引致原因

靠近地表的根瓜易发生弯瓜，与嫩瓜条膨大时受地面的阻碍有关。植株茎叶茂密、或植株瘦弱、或植株老化、或摘叶过多、或叶片染病、或光照不足、或通风不良、或水肥供应不足等，造成植株体内水分及光合产物不足，易形成弯曲瓜条。瓜条多和瓜条长的品种，易形成弯曲瓜。单株结瓜太密，而叶面积不够，会使部分营养供应不足的瓜条生长失衡而弯曲。

（三）调控措施

采用测土配方施肥技术，做到均衡施肥，进入结瓜期要适时追肥灌水，促进植株正常生长。深秋至早春季节，要配套落实蓄温、保温、增温、补光措施，使温室内气温、地温控制在适宜黄瓜生长的范围内。适时采收长成的瓜条，尤其是易发生弯瓜的根瓜更要适时采收。采收期较长的冬春茬黄瓜，若需落蔓，要保持快要采收的瓜条距地面或植株最下叶片距离地表 15 厘米为宜。

三十、黄瓜大头瓜

（一）田间症状

大头瓜又称大肚瓜，即瓜条先端（接近花朵脱落的部位）极度膨大，而瓜条中间部分则变细。

（二）引致原因

主要是由于雌花授粉不完全，只有授粉的先端膨大。低温、寡日照、灌水和施肥不平衡、叶片功能锐减等，都会影响雌花授粉。

（三）调控措施

棚膜质量要好，深秋至早春要保持棚膜干净，连阴天也要适时利用散射光。深秋至早春，要有序落实蓄温、保温、增温及通风、排湿措施，创造有利雌花授粉的环境条件。结瓜期要适时灌水，并追施劲土冲施肥+神优，以促进根系活力、补充中微元素；叶面喷施钙尔美、戴乐藻靓等，防止植株老化。病虫害防治要早预防、早救治，以保护好叶片。

三十一、黄瓜尖嘴瓜

（一）田间症状

瓜条从中部到顶部膨大受到限制，顶部较尖，瓜条短，略弯曲，俗称尖嘴瓜。

（二）引致原因

瓜条先（前）端的种子未发育好。在瓜条生长膨大过程，遇到连续高温、干燥环境。黄瓜生长后期，肥料、水分供应不足，植株根系活力降低，植株生长势弱。土壤偏碱。

（三）调控措施

选用单性结瓜能力强的品种。基肥农家肥要充分腐熟，氮磷钾配合施用，增施土壤调理剂如戴乐稼富，定植时穴施微生物菌剂粉钻；生长期要适时灌水，并追施劲土冲施肥+神优，喷施戴乐藻靓、或钙尔美等叶面肥，保证植株有良好长势，满足果实需要。植株生长过程中，调节好温湿度、做好通风透光，避免温度长期高于30℃，低于13℃。

三十二、西瓜化瓜

（一）田间症状

西瓜传粉受精后4~6天，西瓜长有核桃大小，表面的茸毛逐渐脱落，瓜面呈现明显的光泽时，表明西瓜已经坐住，一般不再发生化瓜现象。有的雌花传粉后，幼瓜无膨大迹象，且瓜面暗淡、逐渐变黄、脱落，则属化瓜。若后续节位的瓜仍坐不住，只有将瓜秧拔掉。

（二）引致原因

一是温度偏低。西瓜属喜温耐热作物，伸蔓期最适温度是25℃~28℃，结果期最适温度是30℃~35℃；9℃~10℃花粉不发芽，12℃~14℃的发芽率只有20%~30%，18℃~20℃的发芽率只有68%~82%；花粉管15℃以下不伸长，11℃以下花药不能正常开裂。深冬季节西瓜化瓜，与低温密切相关。二是光照不足。西瓜要求较长的日照时间和较强的日照条件。一般品种都要求有10~12小时的日照时间。深秋至早春季节开花时，若遇连阴天，雌花不能正常着花而化掉。三是植株徒长。西瓜开花授粉期，瓜秧前段抬起与地面成20°~30°，生长点距开放雌花节距在30~40厘米时，表明植株生长正常，开花授粉最适宜坐瓜；如果蔓尖与地面的夹角大于30°，生长点与开放雌花节的距离大于50厘米，茎粗，叶大，节间长，说明植株旺长，一般很难坐住瓜。造成旺长与温室湿度过大、或土壤氮素偏多等有关。

（三）调控措施

冬季至早春较冷时段配套落实棚前加立帘、帘上盖旧膜、架设碘钨灯、适时收风口等蓄温、保温、增温措施。科学施肥、灌水，以防瓜秧徒长；遇到瓜秧徒长时，可在人工授粉的同时，对瓜蔓在两处进行扭伤：一处在生长点后 5~7 厘米，另一处在生长点后 30~35 厘米处。

三十三、西瓜裂果

（一）田间症状

西瓜生长期和采收前期，不时发生西瓜裂口现象。常表现为纵向或横向不规则开裂，有的从花蒂处产生龟裂。

（二）引致原因

西瓜裂果可分为生长期和采收期裂瓜。生长期裂瓜的原因一是有些品种瓜皮薄、质脆，易发生裂果。二是坐瓜之前土壤较旱，膨瓜期突然大量灌水。三是果实发育初期遇低温发育缓慢，气温升高后迅速膨大而引起裂瓜。四是膨瓜期偏施氮素化肥或含激素的冲施肥，瓜皮生长慢于瓜肉也常造成裂瓜。采收期裂瓜主要是采收前灌水过量或采收时摔打或震动所致。

（三）调控措施

选用抗裂性较强的品种。增施腐熟农家肥，化肥基施要氮磷钾及钙肥配合施用；追肥要适度控制氮素用量，西瓜有拳头大、上吊架后，可追施戴乐平衡肥，膨大期追施戴乐高钾肥，并喷施戴乐藻靓、或钙尔美。底水要灌足，坐瓜前适当补灌小水，防止膨瓜期土壤过分干旱；膨瓜期灌水要均匀，防止短期灌水骤增或大水漫灌，采收前 7 天停止灌水。易裂品种可适当多留 1~2 条蔓，减少营养物质向瓜内运送，防止单瓜膨大过快引起裂果；如棚内已出现裂果，对长势旺的瓜株可在瓜前 3~4 叶处，对瓜蔓进行挤压，以疏散养分向幼瓜集中运输；结瓜部位功能叶片长势过强的，可以摘除部分叶片，减少营养物质积累，防止幼瓜短期生长过快而裂瓜。

三十四、西瓜药害

(一) 田间症状

药害症状复杂，常出现的有瓜柄变粗、或瓜柄弯曲、或叶片下垂反卷、或只长叶不出瓜头、或叶片皱缩、焦枯等。

(二) 引致原因

选用药剂不当、或喷药浓度偏大、或重复喷药、或高温时段喷药。

(三) 条例措施

西瓜耐药性较差，尤其幼苗期更不耐药；苗期用药要慎重，尤其是防治白粉病的三唑类药剂、防治红蜘蛛的炔螨特等药剂，用量一定要低，一般为常用量的 1/4~1/3。定植缓苗期、授粉期间，一般不要喷药。病虫害防治要突出早预防、早救治，忌大处方、高浓度喷药。瓜头等敏感部位，尽量不要喷药。农药和叶面肥混用要先试验、后推广，以免发生药害。当气温超过 30℃、或强烈阳光照射时、或空气中相对湿度低于 50% 时、或植株上有露水时，不能施药。若不慎发生急性药害，先喷清水清洗植株表面，并用 6% 阿泰灵（寡糖·链蛋白）可湿性粉剂 1 袋(15 克)+植物生命源 1 袋（30 毫升），兑 15 千克水喷雾除害。

三十五、人参果畸形果

(一) 田间症状

畸形果类型主要有瘤形、歪扭、尖顶、凹顶、裂果等。

(二) 引致原因

过量冲施高钾肥、或滥施含有激素的液肥，导致钙硼等中微量元素缺失。留果太多，养分、水分跟不上。室内昼夜温差过大，造成果实开裂。第一穗果子采摘后，下位叶摘除太多。病毒病、红蜘蛛等病虫危害较重，造成叶片皱缩、扭曲、叶片变脆而影响光合效率。

(三) 调控措施

增施腐熟农家肥及菌肥、生物有机肥；化肥施用做到均衡、合理，不能过量施肥，不能滥用激素肥料。及时疏花疏果，除留先开放的 4~5 朵小花，其余的全部疏除。待果实长至蚕豆大小时，每个结果枝选个大、形美、匀称的果实 3~4 个，其余的全部摘除。人参果灌水要做到勤灌、浅灌，切忌大水漫灌。选用脱毒苗，加强病毒病、红蜘蛛等病虫害防治。

三十六、人参果僵果

（一）田间症状

人参果坐果后果实停止膨大，果实变硬，颜色淡，肉质硬，失去食用价值。严重时，整个果实变得无光泽而成"乌皮果"。

（二）引致原因

开花前到坐果初期，温度过高或过低、花粉发育不好、授粉受精不良、光照不足、光合作用效率差、养分供应不足、植株徒长、向果实运送养分受阻、保花保果激素使用时间不当均可引致。人参果子房对保花保果激素的反应期在开花的前三天和后三天。在反应期以外的时间使用保花保果激素容易形成僵果。长期连续进行无性繁殖种苗，造成种性退化。红蜘蛛、病毒病等发生严重会影响叶片的光合作用能力。

（三）调控措施

加强温度管理，保持人参果生长适宜的温度。及时揭盖帘子保持棚膜干净，连阴天也要充分利用散射光。根据植株长势，适时灌水，冲施劲土冲施肥、或海力润+神优，并喷施钙尔美、或戴乐藻靓，以养根促根、补充中微元素。盛花期每天早晨小花开放后及时蘸花。选用脱毒苗，加强病毒病、红蜘蛛等病虫害防治。

三十七、人参果酸味果

（一）田间症状

果实看似正常，但口味变酸。

（二）引致原因

氮磷钾化肥过量、钙硼等中微元素缺失，冲施过多的未经有机认证或未充分腐熟的生物有机肥，滥施含有激素的液肥。

（三）调控措施

基肥应以羊粪、猪粪为主，且要充分腐熟。化肥以硫基型含大量元素的冲施肥为主，并冲施神优等中微元素，喷施钙尔美、脉滋、戴乐藻靓等，避免乱用含有激素的化肥。适时冲施劲土冲施肥、或海力润，提高根际活力及营养吸收能力。

三十八、人参果不结果

（一）田间症状

人参果花色以白为主，虽开花但坐不住果。

（二）引致原因

人参果白花表明植株不够强壮，挂不起果；易结果的花应是紫色且叶柄比较粗壮。其主要原因为低温、弱光，影响了花蕾发育；花期温度高于30℃也会影响授粉。植株生长瘦弱、或茎叶徒长、或硼磷等元素缺失，不利花发育与授粉。

（三）调控措施

深秋至早春低温季节，有序落实蓄温、保温、增温措施，尽力提高夜间温度，花期白天温度控制在25℃~28℃。结合浇缓苗水，冲施戴乐根喜多，以促进根系发育；结合浇养花水，冲施戴乐高磷及神优，以促根、养花。从始花期开始，可用戴乐硼1袋（15克）+满园花1袋（20克），兑15千克水喷雾。7~10天喷1次，连喷3~4次。合理整枝，一股选择4~5个分布均匀的芽轴梢形成固定结果枝，其余芽抹除。

三十九、葡萄黄叶症

（一）田间症状

主要表现在刚抽出的幼嫩叶片失绿呈鲜黄色，叶脉两侧呈绿色脉带，严重时叶面变成淡黄色或黄白色，叶缘和叶尖发生不规则的坏死斑，影响树势正常发育，并使葡萄坐果率低，果粒少，产量和品质下降。

（二）引致原因

一是上年承载过量，导致树势衰弱而"挣坏"了树，次年迟迟不发芽，或发芽后也易发生黄叶病。二是病害危害较重，使叶片染病早枯而越冬养分存贮少。三是土壤含盐偏高，影响根系对铁的吸收。四是土壤营养失调，影响铁元素的吸收，从而诱发黄叶病。

（三）调理措施

1. 注意养根，合理施肥

12月下旬至春节前，在葡萄垄一侧开沟，每垄基施硫基平衡型复合肥2.5千克+神优中微肥150克+金冠菌、或宝易生物有机肥，与其他肥料拌匀后施匀、埋土。揭帘后，结合浇灌促蔓水，应冲施养根促根和补充铁素的戴乐根喜多、或海力润+神优中微肥。谢华后果实膨大初期，可随水冲施戴乐平衡肥。果实着色初期，可随水冲施膨果、养根及有利着色防裂果的戴乐高钾肥、或神优高钾肥、或宝易高钾肥+海力润、或劲土冲施肥+神优中微肥。

2. 适度疏果，兼顾下年

要正确处理当年与长远的关系、产量与品质的关系。可根据树势大小，决定该留果穗数量，并及时疏掉过多的小粒及病粒、裂果等果粒，既有利于当年高产、优质，也利于葡萄树积累营养，促进葡萄适时萌发、生长，预防黄叶病的发生。

3. 防治病害，增强树势

立足早预防、早救治，有效控制葡萄霜霉病等病害的发生为害，确保葡萄采收后有足够的无病叶片，以利干物质积累，为来年葡萄发叶、发枝奠定基础。

4. 叶面喷肥，补充铁镁

葡萄叶片刚出现黄叶病时，可用禾丰铁(每升含铁65克) 1袋（15毫升)+扶元液1袋（20克），兑15千克水喷雾，每隔7天喷1次，连喷3~4次。

（温室作物主要生理性病害原色图谱见彩图5）

第三章　大田主要作物重点病虫害症状识别与防治技术

第一节　玉米重点病虫害症状识别与防治技术

一、玉米红蜘蛛

玉米红蜘蛛（二斑叶螨、截形叶螨和朱砂叶螨的复合为害种群）是玉米田最重要的有害生物，虽然虫体很小，但极具暴发性、灾害性。在目前相对易感红蜘蛛的品种种植面积较大、生态环境有利红蜘蛛发生危害的情况下，重视玉米田红蜘蛛的早调查、早防治是确保玉米高产的关键。

（一）发生危害

玉米红蜘蛛一年约发生 10~12 代，且时代重叠。进入 3 月越冬螨复苏后，先在田埂、渠沟冰草等绿色寄主上取食并繁殖 1~2 代，从 5 月中、下旬开始向玉米田转移危害，先地边点片发生，后扩散全田，常于 7 月下旬至 8 月中旬形成危害高峰期。初期以成、若螨聚集在玉米下部叶片背面主脉两侧，用口针吸食叶片汁液，被害叶片初现黄白色斑点，后变为黄褐色焦枯斑，影响光合作用。随着虫口密度的增加，红蜘蛛向玉米中上部叶片转移，并拉丝结网，致使叶斑连片，严重时植株提前 20~30 天枯死，籽粒不饱满，对玉米产量影响极大。

（二）药剂防治

1. 防治适期

一是 5 月中下旬农田埂渠杂草上寄生红蜘蛛的普防。这是防治玉米田红蜘蛛最经济、最有效的控害措施，可收到事半功倍的效果。

二是玉米大喇叭期至吐丝初期红蜘蛛的药剂防治。这是控制玉米田红蜘蛛的最后一道关口，以后随着玉米植株的高、密，则很难喷雾。

2. 用药处方

处方 1：24%满靶标（螺螨酯）悬浮剂 10 毫升+8%中保杀螨（阿维·哒螨灵）乳油 10~20 毫升+云展 1 袋（5 克），兑 15 千克水喷雾。

处方 2：45%吉杀（联肼·乙螨唑）悬浮剂 8~12 克+云展 1 袋（5 克），兑 15 千克水茎叶喷雾。

3. 喷雾要求

防治早春农田埂渠杂草上寄生的红蜘蛛时，最好采取以村、组为单位进行连片普防，要注意近年发生危害较重区域及玉米田边老埂大、荒滩多、田埂杂草丛生区域及地块的喷药。由于满靶标等均为触杀型杀螨剂，喷雾时注意先从玉米植株上部叶片背面喷起，全株叶片两面都要喷到，叶片背面漏喷会影响整体效果。玉米中、后期防治，每亩至少应喷 2 喷雾器药液，这对确保防效至关重要。稀释药剂最好采用二次稀释法，喷雾要保持恒速、恒压、恒宽，杜绝粗雾喷洒，以防水滴流淌影响防效。

4. 特别提醒

禁止用 3911、甲基异柳磷等剧毒、高毒农药喷雾防治玉米红蜘蛛；高温季节喷雾要注意安全保护。

二、玉米锈病

玉米锈病属气传性病害，是玉米上发生较普遍的病害之一，扩展快，传播远，发生范围广，可使叶片提早枯死，造成较重的损失。

（一）症状识别

主要侵染叶片，严重时也可侵染苞叶和叶鞘。初期仅在叶片基部或上部叶脉两侧散生或聚生淡黄色长形至卵形褐色小斑，后突起形成褐色疱斑，即病菌夏孢子；后期病斑上生出黑色近圆形或长圆形突起疱斑，开裂后露出黑褐色冬孢子。玉米锈病严重时，叶片上布满孢子堆，造成大量叶片干枯，致使籽粒不饱满而减产。

（二）发病规律

中国北方玉米锈病发生的初侵染菌源主要是南方玉米锈病菌的夏孢子随季风和气流传播而来的。田间叶片染病后，病部产生的夏孢子借气流传播，进行再侵染，蔓延扩展。不同玉米品种、或亲本对玉米锈病存在明显的抗性差异，甜质型玉米则抗病性较差，生育期短的早熟品种发病较重。高温多湿或连阴雨及偏施氮肥发病重。

（三）防治措施

玉米锈病是一种气流传播的大区域发生和流行的病害，药剂防治必须突出一个"早"字。发病初期，可用以下处方防治：

处方 1：43%翠富（戊唑醇）悬浮剂 2 袋（12 毫升）或 80%翠果（戊唑醇）水分散粒剂 1 袋（8 克）+云展 1 袋（5 克），兑 15 千克水全株喷雾。

处方 2：32.5%京彩（苯甲·嘧菌酯）悬浮剂 1 袋（10 克）+43%翠富（戊唑醇）悬浮剂 2 袋（12 毫升），兑 15 千克水全株喷雾。

处方 3：25%炭息（溴菌·多菌灵）可湿性粉剂 50~75 克+云展 1 袋（5 克），兑 15 千克水全株喷雾。

喷雾要求：每亩地至少喷 2 喷雾器药液（30 千克）；交替喷雾，视降雨、病情间隔 7 天左右喷 1 次，连续喷防 2~3 次。

三、玉米瘤黑粉病

（一）田间症状

玉米瘤黑粉病是气流传播和当年可重复侵染的局部侵染性病害。玉米整个生育期，地上部的茎、叶、花、雄穗、果穗和气生根等都可染病，尤以抽雄期表现明显。通常玉米株高 30 厘米左右即在植株的茎基部出现病瘤，且病株扭曲皱缩，叶鞘及心叶破裂紊乱，严重时植株枯死。拔节前后，叶片上开始出现病瘤，一般多在叶片中肋的两侧发生，有时在叶鞘上也可发生。抽雄后，则易在果穗以上茎秆上出现大瘤。玉米感病后，受害部位的细胞强烈增生，体积增大，而后发育呈明显的不规则形肿瘤。病瘤的大小、形状差异悬殊，有的是球形，有的为棒状；有的单生，有的串生，有的叠生。幼嫩病瘤肉质白色，软而多汁。随着病瘤的增生和瘤内厚垣孢子的形成，质地由软变硬，颜色也由浅变深，薄膜破裂，散出黑色粉末状的厚垣孢子，因此得名瘤黑粉病。

（二）发病特点

瘤黑粉病菌以其厚垣孢子在土壤中、病残体上或混有病残组织的堆肥中越冬，成为第二年的初侵染来源。春季气温上升后，一旦湿度适合，在土壤、浅土层、秸秆上或堆肥中越冬的厚垣孢子便萌发产生担孢子，随气流传播，陆续引起苗期和成株期发病，且在当年可重复侵染。由于绝大多数制种组合亲本抗病性较差、适宜制种区域迎重茬面积较大、农事活动及生理障碍易造成伤口等，十分有利玉米瘤黑粉病的发生与流行。在制种田目前难以选用抗病品种、合理轮作倒茬等关键控害措施落到实处的情况下，一旦药剂选用不当或防治滞后，很难控制病害流行。

（三）药剂防治

1. 推荐处方

处方 1：43% 翠富（戊唑醇）悬浮剂 2 袋（12 毫升）或 80% 翠果（戊唑醇）水分散粒剂 1 袋(8 克)+云展 1 袋（5 克），兑 15 千克水全株喷雾。

处方 2：32.5% 京彩（苯甲·嘧菌酯）悬浮剂 1 袋(10 克)+43% 翠富（戊唑醇）悬浮剂 2 袋（12 毫升），兑 15 千克水全株喷雾。

处方 3：25% 炭息（溴菌·多菌灵）可湿性粉剂 50~75 克(10 毫升)+云展 1 袋（5 克），兑 15 千克水全株喷雾。

2. 喷药适期

第一次为玉米灌头水前后（6 月上中旬）、第二次为玉米抽雄前 5~7 天。

3. 喷雾技术

每亩至少喷 2 喷雾器药液，这是确保防治效果的关键！喷雾要保持恒速、喷雾压力要足并保持恒压、喷头高度要适中、作业宽度要保持恒宽，全株叶片、茎秆、果穗都要喷到，力求细致、均匀、周到，严禁粗雾喷洒，以防水滴流淌影响防效。喷雾时间：晴天上午 8~11 时，下午 4~7 时。

四、玉米田棉铃虫

棉铃虫是玉米田重要的蛀食果穗害虫。虽然其为害对玉米产量的影响不大，但受害果穗顶部容易感染，晾晒中极易发霉，对玉米尤其是制种玉米的种子质量影响较大。

（一）发生危害

棉铃虫属鳞翅目夜蛾科，成虫为灰褐色小蛾子，夜间取食、产卵。卵半球形，初乳白后黄白色，孵化前深紫色。幼虫期 20 天左右，共 6 龄，体色多变，淡绿、淡红至红褐或黑紫色，有转移危害习性。蛹长 17~21 毫米，黄褐色。棉铃虫是多食性害虫，在河西走廊一年发生 3 代，主要以二代幼虫为害玉米。二代幼虫始期 7 月下旬末，盛期 8 月上旬末至 8 月下旬初，此期正值玉米吐丝授粉期。棉铃虫在玉米株上产卵量最多的部位是雌穗和中、上部叶片（2~6 叶）的叶正面，其着卵量占株总卵量的 87.44%。初孵幼虫集中在玉米果穗顶部花丝上咬食花丝，造成"戴帽"现象，受害早时，花丝被咬断，雌穗因受粉不良而致部分籽粒不育，形成"空壳"；3 龄后蛀入果穗内部咬食幼嫩的籽粒，同时将粪便沿虫孔排至穗轴顶端，致使部分籽粒发霉腐烂；此后随着虫龄的增长，幼虫逐步下移钻食籽粒，老熟后，绝大部分从果穗顶部蛀食孔钻出，有少部分从果穗中部的苞叶上蛀孔钻出。雄穗受害时，取食小穗造成"缺齿"现象。

（二）防治建议

1. 防治适期

玉米吐丝至籽粒灌浆初期（7 月下旬至 8 月上旬），棉铃虫产卵高峰至幼虫 3 龄前尚未蛀入玉米果穗内部时。

2. 用药处方

5.7%农舟行（甲氨基阿维菌素苯甲酸盐）微乳剂 20 克+云展 5 克、或 3%中保先锋（高氯·甲维盐）微乳剂 30 毫升+云展 5 克、或 8%金速战（高效氯氟氰菊酯）微乳剂 20 克+云展 5 克、或 12%快捕令（甲维·茚虫威）水乳剂 10 毫升，兑 15 千克水喷雾。

3. 喷雾技术

药液要集中喷于雌穗顶部的花丝上，同时兼顾其他部位。

五、玉米蚜虫

蚜虫是玉米上的常发性害虫，年际间也会暴发成灾。蚜虫虽小，但危害不小，应重视玉米蚜虫的发生动态调查与科学防治。

（一）发生特点

蚜虫是刺吸式害虫，俗名腻虫，寄主作物有玉米、高粱、小麦、狗尾草等。危害玉米的主要有玉米蚜、禾谷缢管蚜和麦长管蚜、麦二叉蚜。以成、若蚜刺吸玉米组织汁液，引致叶片变黄或发红，影响生长发育，严重时植株枯死。玉米蚜喜欢群集于心叶、雄穗上为害，并分泌蜜露，影响雄穗散粉。有时玉米蚜虫也钻入叶鞘内危害，致使茎秆皮色变褐，影响营养输送。玉米生长中、后期，蚜虫也为害玉米中上部叶片，致叶片变黄枯死，影响光合作用，降低粒重。

（二）发生规律

玉米蚜虫一年发生 10 余代，主要以无翅胎生雌蚜在小麦苗及禾本科杂草的心叶里越冬。5 月中下旬开始向玉米上迁移。武威、金昌地区的玉米扬花期正值高温、干燥时段，是玉米蚜繁殖为害的最有利时期。暴风雨对玉米蚜有较大抑制作用。杂草较重发生的田块，玉米蚜也偏重发生。

（二）药剂防治

1. 防治指标

玉米心叶期蚜株率达 50%、百株蚜量达 2000 头以上。

2. 推荐处方

30%锐师（噻虫嗪）悬浮剂 20 克+33%劲勇（氯氟·吡虫啉）悬浮剂 10~15 克、或 50%可立超（氟啶虫酰胺）水分散粒剂 2~3 克+70%吡蚜酮可湿性粉剂 3~5 克、或 15%荣捷（氟啶·吡丙醚）悬浮剂 10~15 克+60%荣俊（吡蚜·呋虫胺）水分散粒剂 4 克，兑 15 千克水全田均匀喷雾防治。每亩至少喷 30 千克药液。也可用植保飞防机超低量喷雾防治。

六、草地贪夜蛾

草地贪夜蛾，源于美洲热带和亚热带地区，具有适生区域广、迁飞速度快、繁殖能力强、灾害性大、防控较难等特点，已被联合国粮农组织列为全球预警的重要农业害虫。中国也将草地贪夜蛾列为危险性害虫。

（一）草地贪夜蛾识别

1. 成虫

雌蛾前翅呈灰褐色或灰色棕色杂色，具环形纹和肾形纹，轮廓线黄褐色；雄蛾前翅灰棕色，翅顶角向内各具一大白斑，环状纹后侧各具一浅色带自翅外缘至中室，肾形纹内侧各具一白色楔形纹。

2. 幼虫

头部"V"形纹与前胸盾板中央条纹一起形成白色或浅黄色倒"Y"形纹。第 8 腹节 4 个斑点呈正方形排列。4~6 龄幼虫更明显。有"头称八万，尾叫四筒"的俗称。

3. 危害状

在玉米上为害，取食形成的虫孔排列比较乱，叶片同时可见半透明薄膜"窗孔"和不规则的长形孔洞、叶缘缺刻，偶尔也见成排虫孔，也可将整株玉米的叶片取食光，是不同虫龄、心叶中不同取食方向、单株多头幼虫为害所致。也会为害未抽出的雄穗及幼嫩雌穗。

（二）草地贪夜蛾防控

1. 虫情测报是开展防治的基础

一是在田间架设频振式杀虫灯，以诱杀成虫；二是定期或不定期检查玉米叶背，及早发现幼虫。

2. 科学用药是控制其害的关键

早防治、持续防治、科学用药，对控制草地贪夜蛾至关重要。

防治适期：草地贪夜蛾成虫产卵高峰期至低龄幼虫期。

推荐处方：可用 10% 虫秋（氟苯虫酰胺）悬浮剂 10 克+3% 中保先锋（高氯·甲维盐）微乳剂 25 克、或 12% 快捕令（甲维·茚虫威）微乳剂 10 克+5% 施百功（高效氯氟氰菊酯）微乳剂 30 毫升、或 5.7% 农舟行（甲氨基阿维菌素苯甲酸盐）微乳剂 15 克+8% 金速战（高效氯氟氰菊酯）微乳剂 20 毫升，兑水 15 千克均匀喷雾。

施药时间：选择在清晨或者傍晚喷药。

喷药部位：注意将药液重点喷洒在玉米心叶、雄穗和雌穗等部位。

第二节　马铃薯主要病害识别与防治

一、主要病害识别

（一）马铃薯黑痣病

随着马铃薯种植面积逐渐扩大及外源调种增多，在马铃薯种植区黑痣病日趋严重，且发病较为普遍，一般可造成马铃薯减产 15% 左右。

1. 田间症状

苗期最易发生，主要危害幼芽、茎部。幼芽染病，有的尚未出土即芽腐，有的出土不久即枯萎死亡、或生长缓慢，其土内、或地表茎部生大小不等的褐色凹陷斑，有的茎部呈褐色腐烂。

2. 发病规律

以病薯上或留在土壤中的菌核越冬。带病种薯是翌年的初侵染源，也是远距离传播的主要载体。马铃薯生长期间病菌从土壤中根系或茎基部伤口侵入，引起发病。该病发生与低温、高湿条件有关。播种早、土温较低发病重。

（二）马铃薯晚疫病

1. 田间症状

叶片染病先在叶尖或叶缘生水浸状绿褐色斑点，湿度大时病斑迅速扩大，呈褐色，并产生一圈白霉，尤以叶背最为明显；干燥时病斑变褐干枯，质脆易裂，不见白霉，且扩展速度减慢。茎部或叶柄染病现褐色条斑。发病严重的叶片萎垂、卷缩，终致全株黑腐，全田一片枯焦，散发出腐败气味。

2. 发病规律

病菌主要以菌丝体在薯块中越冬。播种带菌薯块，导致不发芽或发芽后出土即死去，有的出土后成为中心病株，病部产生孢子囊，借气流传播进行再侵染，形成发病中心，致该病由点到面，迅速蔓延扩大。病叶上的孢子囊还可随雨水或灌溉水渗入土中侵染薯块，形成病薯，成为翌年主要侵染源。

病菌喜日暖夜凉高湿条件，相对湿度95%以上、18℃~22℃条件下又有水滴存在，有利于病菌孢子形成、侵入。因此多雨年份、空气潮湿或温暖多雾条件下发病重。种植感病品种，植株又处于开花阶段，只要出现白天22℃左右，相对湿度高于95%，持续8小时以上，夜间10℃~13℃，叶上有水滴持续11~14小时的高湿条件，本病即可发生，发病后10天左右病害蔓延全田或引起大流行。

（三）马铃薯早疫病

1. 田间症状

马铃薯早疫病主要侵染叶片，也可侵染块茎。叶片染病病斑黑褐色，圆形或近圆形，具同心轮纹。湿度大时，病斑上生出黑色霉层。严重时叶片干枯脱落，田间植株成片枯黄。块茎染病产生暗褐色稍凹陷圆形或近圆形病斑，边缘分明，皮下呈浅褐色海绵状干腐。

2. 发病规律

以分生孢子或菌丝在病残体或带病薯块上越冬，翌年种薯发芽，病菌即开始侵染。病苗出土后，其上产生的分生孢子借风、雨传播，进行多次再侵染，使病害蔓延扩大。病菌易侵染老叶片，遇有小到中雨或连续阴雨或湿度高于70%，该病易发生和流行。

（四）马铃薯黑胫病

近年，随着马铃薯种植面积的扩大，尤其是易感品种的种植，马铃薯黑胫病渐趋严重，一些感病品种发病率可达15%以上。

1. 田间症状

马铃薯黑胫病主要侵染茎或薯块，从苗期到生育后期均可发病，尤以苗期为重。种薯染病腐烂成黏团状，不发芽，或刚发芽即烂在土中，不能出苗。幼苗染病，植株矮小，节间短缩，叶片内卷皱缩，褪绿黄化似病毒症状。地下胫部变黑、腐烂，有臭味，植株先萎蔫、后枯死。薯块染病始于脐部，呈放射状向髓部扩展，病部黑褐色，横切可见维管束亦呈黑褐色，但手压挤皮肉不分离，湿度大时，薯块变为黑褐色，腐烂发臭。

2. 发病规律

以种薯带菌远距离传播，病菌先通过种薯块扩大传染，引起更多种薯染病。马铃薯发芽后，病菌通过维管束或髓部侵入植株，引起地上部发病。田间病菌还可通过灌溉水、雨水或昆虫传播，经伤口侵入致病，后期病株上的病菌又从地上茎通过匍匐茎传到新长出的块茎上。贮藏期病菌通过病健薯接触经伤口或皮孔侵入，使健薯染病。

（五）马铃薯病毒病

1. 田间症状

植株生长势衰退、株形变矮、叶面皱缩，叶片出现黄绿相间的嵌斑，甚至叶脉坏死，直到整个复叶脱落等，造成大幅度减产。

2. 发病原因

引致马铃薯病毒病的病毒主要有普通花叶病毒（PVX）、皱缩花叶病毒（PXY）、卷叶症病毒（PLRV）、黄矮病毒（PYDV）等十余种。常见的有三种类型。一是花叶型：叶面出现浓绿淡绿相间或黄绿相间斑驳花叶，严重时叶片皱缩、变小，全株矮化。二是坏死型：叶、叶脉、叶柄及枝条、茎部出现褐色坏死斑，病斑发展连接成坏死条斑，严重时全叶枯死或萎蔫脱落。三是卷叶型：叶片沿主脉或自叶缘向内翻转、变硬、革质化，严重时每张小叶呈筒状，有时叶背出现紫红色。

这些毒源主要来自种薯和野生寄主上，带毒种薯为最主要的初侵染源，种薯调运可将病毒做远距离传播。病薯长出的植株一般都有病。在植株生长期间，病毒通过蚜虫或汁液等传播，引起再侵染。高温干燥尤其是土温高时，有利于传毒蚜虫的繁殖和传毒活动，往往容易感病，引起种薯退化。品种间抗病性有差异。

二、马铃薯主要病害防治

（一）品种选用关

选用高产、优质、抗（耐）病品种是获得高产高效、提高病害防控效果的基础。种薯生产应严格按种薯生产规程精选良种。鲜食薯及加工薯应选用高产、优质的脱毒种薯。

（二）切刀消毒关

鲜食薯、加工薯多采用非整薯播种。切种薯是预防马铃薯病害的关键措施。规范化切种薯，可以有效降低晚疫病、环腐病、黑胫病、软腐病等病害的发病率或发病程度。

切薯作业，每人必须配备两把切刀。轮换消毒。切薯时要仔细检查，每当切到带病薯块，应立即换消过毒的切刀，并剔除病薯。带病切刀在消毒液中浸泡不少于 10 分钟。切刀消毒液要用 75% 的酒精或 0.4% 高锰酸钾浸液。切块时间以播种前 1~2 天为宜，切块过早，通风不良时易感染病原菌，造成腐烂；切块过晚，伤口未充分愈合，在田间也易感染病原菌。

（三）土壤处理关

马铃薯黑痣病属种传、土传病害。颗颗宝是针对土传病原菌的土壤杀菌剂。具有产品独家（国内唯一复配制剂证件，获国家发明专利）、土壤消毒（高效清除土壤中病原菌）、促根壮苗（高抗重茬，促进生根）、持效长效（颗粒缓释，确保防效）、相互增效（"药和肥"完美结合）等特点。可用于预防和治疗马铃薯黑痣病等土传病害。每亩用量 2.5 千克，与化肥混匀后，结合播种条施。

（四）药剂拌种关

1. 拌种处方

72%霜霉疫净（霜脲·锰锌）可湿性粉剂 50 克、或 72%妥冻（霜脲·锰锌）可湿性粉剂 50 克+3%科献（中生菌素）可湿性粉剂 25 克+6%阿泰灵（寡糖·链蛋白）可湿性粉剂 15 克，兑水 1.5~2 千克，充分溶解后，喷拌 100 千克马铃薯种薯，可有效预防种薯传播马铃薯晚疫病、黑胫病等。

2. 拌种方法

（1）切种薯块。仔细挑选去掉带病薯，并要切实落实"切刀消毒"措施。

（2）晾晒薯块。切好的种薯块，随时摊开进行晾晒，其厚度不要超过 10 厘米，以使切口面的含水量尽快降低。

（3）配药方法。一般 1 喷雾器水 15 千克，应该加 72%霜霉疫净（霜脲·锰锌）可湿性粉剂 500 克+3%科献（中生菌素）可湿性粉剂 250 克+6%阿泰灵（寡糖·链蛋白）可湿性粉剂 150 克，采用二次稀释后加入喷雾器内搅拌均匀，即可喷拌 1000 千克切好的种薯块。

3. 注意事项

（1）喷药翻拌。待切好的种薯块晾晒一段时间后即可对种薯块进行喷雾，而后将种薯块翻过来，再进行喷雾。喷雾器压力要足、雾化要好；喷雾要仔细、均匀，切忌重喷、漏喷；有风时，喷头尽量低点，以免药液随风飘逸。

（2）撒滑石粉。种薯块喷药后，随即在其表面撒施滑石粉，并翻拌均匀。

（3）堆放、装袋。可堆成小垄堆，但宽度、厚度不宜过高、过宽，以利通风透气。装袋待播时，码放不要太高，垛间应留通风道。

（五）喷药防治关

1. 马铃薯苗期病虫害联合用药防治建议

（1）防控重点：晚疫病、黑胫病、病毒病及传毒蚜虫。

（2）预防处方：在马铃薯苗齐后，可用 72%霜霉疫净（霜脲·锰锌）

可湿性粉剂50克、或72%妥冻（霜脲·锰锌）可湿性粉剂50克+6%阿泰灵（寡糖·链蛋白）可湿性粉剂20克+30%扫细（琥胶肥酸铜）悬浮剂40克+30%锐师（噻虫嗪）悬浮剂20克+0.0025%金喷旺（烯腺·羟烯腺）可溶粉剂20克，兑15千克水喷雾。全田叶面均匀喷施。每亩地至少20千克药液。

（3）救治处方：若田间病毒病已有零星发生，可于第一次药后7~10天，用6%阿泰灵（寡糖·链蛋白）可湿性粉剂20克+8%中保鲜彩（宁南霉素）水剂33毫升、或40%克毒宝（烯·羟·吗啉胍）可溶粉剂25克+钙尔美15~20克或戴乐钙25克，兑15千克水喷施，以抑制病毒病蔓延。黑胫病发生初期，可用33%涂园清（春雷·喹啉铜）悬浮剂33克、或80%邦超（烯酰·噻霉酮）水分散粒剂20克、或30%扫细（琥胶肥酸铜）悬浮剂50克，兑15千克水喷雾。每亩地至少喷20千克药液。滴灌田每亩用30%扫细（琥胶肥酸铜）悬浮剂1000克、或77%蓝沃（氢氧化铜）可湿性粉剂500克，与适量水稀释后滴施。

2. 马铃薯现蕾至开花期病虫害联合用药防治建议

此期重点防控马铃薯病毒病、早疫病、晚疫病及蚜虫。可用以下处方喷雾防治。每亩至少喷30千克药液。

处方1：6%阿泰灵（寡糖·链蛋白）可湿性粉剂20克+30%辉泽（烯酰·咪鲜胺）悬浮剂25克+43%翠富（戊唑醇）悬浮剂20毫升+30%锐师（噻虫嗪）悬浮剂20克+钙尔美15~20克或戴乐钙25克，兑15千克水全田茎叶均匀喷雾。

处方2：39%优绘（精甲·嘧菌酯）悬浮剂10毫升、或48%康莱（烯酰·氰霜唑）悬浮剂10克+43%翠富（戊唑醇）悬浮剂20毫升+33%劲勇（氯氟·吡虫啉）悬浮剂15~20克+戴乐能量25克，兑15千克水全田茎叶均匀喷施。

3. 马铃薯盛花至结薯初期病害联合用药防治建议

此期重点防控马铃薯早疫病、晚疫病。可用以下处方喷雾防治。每亩至少喷30千克药液。

处方 1：72%霜霉疫净（霜脲·锰锌）可湿性粉剂 50 克+32.5%京彩（苯甲·嘧菌酯）悬浮剂 20 克、或 48%农精灵（苯甲·嘧菌酯）悬浮剂 10 克+薯黄金 20 毫升，兑 15 千克水全田茎叶均匀喷雾。

处方 2：80%邦超（烯酰·噻霉酮）水分散粒剂 20 克+43%翠富（戊唑醇）悬浮剂 20 毫升+薯黄金 20 毫升，兑 15 千克水全田茎叶均匀喷雾。

处方 3：48%康莱（烯酰·氰霜唑）悬浮剂 15 克+25%康秀（吡唑醚菌酯）悬浮剂 20 克+薯黄金 20 毫升，兑 15 千克水全田茎叶均匀喷雾。

处方 4：39%优绘（精甲·嘧菌酯）水分散粒剂 10 克+80%翠果（戊唑醇）水分散粒剂 10 克+薯黄金 20 毫升，兑 15 千克水全田茎叶均匀喷雾。

4. 马铃薯封垄前后病虫害联合用药防治建议

（1）药剂预防：

此期重点防控晚疫病、早疫病。可用以下处方喷雾预防。每亩喷 30~45 千克药液。

处方 1：30%辉泽（烯酰·咪鲜胺）悬浮剂 20 克+48%康莱（烯酰·氰霜唑）悬浮剂 10 克+80%翠果（戊唑醇）水分散粒剂 12 克+薯黄金 20 毫升，兑 15 千克水全田茎叶均匀喷雾。

处方 2：30%立克多（氟胺·氰霜唑）悬浮剂 10 克+32.5%京彩（苯甲·嘧菌酯）悬浮剂 20 克或 48%农精灵（苯甲·嘧菌酯）悬浮剂 15 克+75 秀灿（肟菌·戊唑醇）可湿性粉剂 10 克+薯黄金 20 毫升，兑 15 千克水全田茎叶均匀喷雾。

处方 3：24%明赞（霜脲·氰霜唑）悬浮剂 25 克+43%翠富（戊唑醇）悬浮剂 20 毫升+薯黄金 20 毫升，兑 15 千克水全田茎叶均匀喷雾。

处方 4：39%优绘（精甲·嘧菌酯）水分散粒剂 10 克+45%益卉（苯并烯氟菌唑·嘧菌酯）水分散粒剂 5 克+薯黄金 20 毫升，兑 15 千克水全田茎叶均匀喷雾。

（2）药剂救治：

马铃薯晚疫病发生初期，可用以下处方喷雾救治。视病情，药后 5~7 天再喷 1 次。每亩喷 30~45 千克药液。

处方 1：24%明赞（霜脲·氰霜唑）悬浮剂 30 克+80%邦超（烯酰·噻霉酮）水分散粒剂 15 克+薯黄金 20 毫升+云展 5 克，兑 15 千克水全田茎叶均匀喷雾。

处方 2：30%立克多（氟胺·氰霜唑）悬浮剂 25 克+48%康莱（烯酰·氰霜唑）悬浮剂 10 克+薯黄金 20 毫升+云展 5 克，兑 15 千克水全田茎叶均匀喷雾。

处方 3：39%优绘（精甲·嘧菌酯）水分散粒剂 10 克+30%辉泽（烯酰·咪鲜胺）悬浮剂 20 克+薯黄金 20 毫升+云展 5 克，兑 15 千克水全田茎叶均匀喷雾。

第三节　向日葵主要病虫害症状识别与防治技术

一、向日葵菌核病

（一）为害症状

整个生育期均可发病，病菌可侵染根、茎、叶、花盘等部位，主要有根腐型、茎腐型、叶腐型、花腐型 4 种症状，其中根腐型、花腐型受害重。

1. 根腐型

从苗期至收获期均可发生，发病部位主要是茎基部和根部，初呈水渍状，潮湿时病部长出白色菌丝和鼠粪状菌核，干燥后茎基部收缩，全株呈立枯状枯死，菌丝凝结成团，形成鼠粪状菌核于基部周围。

2. 茎腐型

以成株期发生为重，主要感染植株的茎基部和中下部，病斑初为椭圆形褐色斑，后扩展，病斑中央浅褐色具同心轮纹，病部以上叶片萎蔫，茎秆易折断，茎内外形成大量的菌核。

3. 叶腐型

病斑褐色椭圆形，稍有同心轮纹，湿度大时迅速蔓延至全叶，天气干燥时病斑从中间裂开，穿孔或脱落。

4. 花腐型

主要发生在向日葵开花末期，初在花盘背面出现褐色水渍状圆形斑，扩展后可达全花盘，并变软腐烂，长出白色菌丝，逐渐产生网状黑色菌核，果实不能成熟，易脱落。重时，向日葵籽粒内也着生有菌核。

（二）发病规律

病菌以菌核在土壤内、病残体中及种子间越冬。翌年气温回升至5℃以上，土壤潮湿，菌核萌发产生子囊盘，子囊孢子成熟由子囊内弹射出去，借气流传播，遇向日葵萌发侵入寄主。种子上的越冬病菌可直接为害幼苗。菌核上长出菌丝，也可侵染茎基部引起腐烂。该病寄主广泛，对温湿度要求较宽。春季低温、多雨茎腐重，花期多雨盘腐重。适当晚播，错开雨季发病轻。连作田土壤中菌核量大，病害重。

（三）药剂措施

1. 轮作倒茬

向日葵菌核病属土传病害，可在土内存活3~5年，甚至更长。目前推广的向日葵品种众多，但其抗病性均不显著。控制向日葵菌核病的最佳措施是轮作倒茬，不重茬、迎茬种植，轻病区轮作周期至少3年以上，重病区轮作周期至少5年。

2. 深翻抑菌

向日葵收获后，要及时将枯枝、根茬清除，并进行30厘米以上的深翻，将残留地面及浅土层的菌核翻入深层，让其在缺氧环境下难以萌发、侵染，减少病害的发生与流行。

3. 增施菌肥

在施足磷钾肥的同时，增施质量好的菌肥，以促进根系发育，增强植株抗病性，抑制病菌侵染。宝易生物有机肥具有抑菌抗病、防治线虫、提质增产、激活肥效、松土促根、保肥保水等特点，结合播前施肥，每亩可用20~40千克，与化肥混匀后用播肥机施入土内即可。

4. 药剂防治

（1）药土盖播种穴。向日葵播种后，可用50%悦购（腐霉利）可湿性粉剂 200~250 克，与 100 千克左右黄沙拌匀后，覆盖播种穴孔。

（2）茎腐型、盘腐型菌核病的药剂防治建议。向日葵现蕾至扬花前，可用 40%明迪（异菌•氟啶胺）1/3 瓶（33 克）、或 40%施灰乐（嘧霉胺）悬浮剂 1/3 瓶（33 克）、或 50%悦购（腐霉利）可湿性粉剂 1/3 袋（33 克）、或 62%赛德福（嘧环•咯菌腈）水分散粒剂 1 袋（5 克）、或 43%看剑（腐霉利）悬浮剂 40 毫升、或 40%世顶（嘧霉•啶酰菌）悬浮剂 1/3 瓶（33 克）、或 50%道合（啶酰菌胺）水分散粒剂 1 袋（15 克），兑 15 千克水均匀喷布花盘背面、叶片及茎部。扬花结束后，再用上述药剂及浓度全株喷雾 1~2 次，以预防、救治盘腐型、叶腐型、茎腐型菌核病的发生与流行。

（3）根腐型菌核病的药剂防治建议。向日葵现蕾前，可用 50%悦购（腐霉利）可湿性粉剂 1/3 袋（33 克）、或 50%道合（啶酰菌胺）水分散粒剂 1 袋（15 克）、或 40%施灰乐（嘧霉胺）悬浮剂 1/3 瓶（33 克）、或 40%世顶（嘧霉•啶酰菌）悬浮剂 1/3 瓶（33 克），兑 15 千克水，拧松喷头喷淋茎基部，并让药液渗入根部。需要防治面积大时，可用 70%托富宁（甲基硫菌灵）可湿性粉剂 1000 克+50%悦购（腐霉利）可湿性粉剂 400 克、或 25%炭息（溴菌•多菌灵）可湿性粉剂 500 克+50%悦购（腐霉利）可湿性粉剂 400 克与适量水稀释后随水冲施。

二、向日葵锈病

（一）为害症状

向日葵锈病是向日葵的重要病害，流行快、灾害性强。向日葵各生育期都能发生，叶片、叶柄、茎秆、葵盘等部位染病后都可形成铁锈状孢子堆，但以叶片发生最显著。苗期发病，叶片正面出现黄褐小斑点，后期变成小褐点。叶片染病，初在叶正面产生黄色小点，之后病叶上出现圆形或近圆形的黄褐色小疱，破裂后散出褐色粉末，即病菌的夏孢子堆和夏孢子。到夏末秋初，在夏孢子堆周围形成大量褐色小疱，破裂后会散出铁锈色粉末，即病菌冬孢子堆和冬孢子。末期散出黑色粉末，导致叶片枯死。

（二）发病规律

病菌以冬孢子在病叶和花盘等病残体上越冬。翌年条件适宜时，冬孢子萌发产生担孢子随气流传播，初次侵染向日葵幼苗，并可进行再侵染。该病发生与上年累积菌源数量、当年降雨量关系密切，尤其是幼苗和锈孢子出现后，降雨对其流行起着重要作用。进入夏孢子阶段后，雨季来得早，可进行多次重复侵染，常引致该病流行。一般在向日葵开花以后的籽实形成期间气温在20℃左右、相对湿度90%以上，夏孢子就大量形成和传播，造成锈病流行，向日葵迅速枯死。中熟品种及食用葵易发病，7~8月份多雨发病重。

（三）药剂防治

向日葵开花后，正值降雨较多的季节，田间空气湿度较大，有利向日葵锈病的发生与流行。此时，可用以下处方交替喷雾防治：

处方1：43%翠富（戊唑醇）悬浮剂2袋（12毫升）、或80%翠果（戊唑醇）水分散粒剂1袋（8克）+32.5%京彩（苯甲·嘧菌酯）悬浮剂1袋（10克），兑15千克水全株喷雾。

处方2：32.5%京彩（苯甲·嘧菌酯）悬浮剂1袋（10克）、或48%农精灵（苯甲·嘧菌酯）悬浮剂10克+75%秀灿（肟菌·戊唑醇）可湿性粉剂1袋（10克），兑15千克水全株喷雾。

处方3：25%康秀（吡唑醚菌酯）悬浮剂1袋（10克）+43%翠富（戊唑醇）悬浮剂2袋（12毫升），兑15千克水全株喷雾。

喷雾要求：每亩地至少喷30千克药液；交替喷雾，视病情间隔5~7天喷1次，连续喷防2~3次。

三、向日葵霜霉病

（一）为害症状

向日葵的整个生育期均可受害。苗期染病，2~3片真叶时开始显现症状，叶片受害后叶面沿叶脉开始出现褪绿斑块，若遇降雨或高湿，病叶背面可见浓密白色霉层。但在持续干旱田间下，即使在发病特别严重的植株，也不出现霉层。病株生长迟缓、矮缩，往往不等开花就逐渐枯死。成株期染病，叶片呈现大小不一的多角形褪绿斑，湿度大时叶背病斑也有白色霉层，少数染病轻的病株也可以开花结实，种子小而白或与健康种子区别不大，但种子可以带菌成为第二年初侵染来源。

（二）发病规律

病菌主要以菌丝体和卵孢子潜藏在种子的内果皮和种皮内、或病残体夹杂在种子间传播。春季气温回升，病菌萌发侵入向日葵，形成全株侵入症状。春季土壤温度偏低会延迟幼苗出土，胚芽在土壤内宿留时间长，被土壤内病菌侵染的概率增多，病害相应加重。播种后覆土过厚，幼苗出土慢也会加重病害。夏秋季节降雨频繁、空气湿度大、土壤潮湿，霜霉病易流行成灾。

（三）药剂防治

1. 药剂预防

易发病前，可用 72%妥冻（霜脲·锰锌）可湿性粉剂 1/3 袋（33 克）、或 72%霜霉疫净（霜脲·锰锌）可湿性粉剂（33 克）、或 75%聚亮（锰锌·嘧菌酯）可湿性粉剂 1 袋（20 克），兑 15 千克水全株喷雾。7 天左右喷 1 次，连喷 2~3 次。

2. 药剂救治

发病初期，可用 48%康莱（烯酰·氰霜唑）悬浮剂 1~2 袋（10~20 克）、或 52.5%盈恰（噁酮·霜脲氰）水分散粒剂 1 袋（10 克）、或 30%立克多（氟胺·氰霜唑）悬浮剂 1/4 瓶（25 克）、或 39%优绘（精甲·嘧菌酯）水分散粒剂 1~1.5 袋（5~7.5 克）、或 24%明赞悬浮剂 1/4 瓶（25 克），兑 15 千克水全株喷雾。视病情连喷 2~3 次，间隔期 5~7 天。

四、向日葵褐斑病

（一）为害症状

向日葵苗期、成株期均可发病。苗期染病叶片上病斑为黄褐色、圆形，直径 2~5 毫米。成株期病斑扩大，呈圆形或不规则多角形，直径可达 5~15 毫米，褐色，周围有黄褐色晕圈，褐斑上面密生小黑点。多雨潮湿，病斑易脱落或穿孔。发病重的病斑相连融合成片，整个叶片枯死。老龄叶片易感病，病害由下部叶片向上逐渐扩展。叶柄及茎上病斑黄褐色、狭条形。

（二）发病规律

病菌以分生孢子器或菌丝在病残体上越冬，翌春温湿度条件适宜，分生孢子从分生孢子器中溢出，借风雨传播蔓延，进行初侵染和再侵染。多雨、潮湿的秋季易发病。

（三）药剂防治

开花前后，交替喷施钙尔美、宝易硼、戴乐扶元液等，以提高受精、灌浆质量及抗病能力。发病初期，可用以下处方交替喷雾防治：

处方 1：43%翠富（戊唑醇）悬浮剂 2 袋（12 毫升）、或 80%翠果（戊唑醇）水分散粒剂 1 袋（8 克）+32.5%京彩（苯甲·嘧菌酯）悬浮剂 1 袋（10 克），兑 15 千克水全株喷雾。

处方 2：32.5%京彩（苯甲·嘧菌酯）悬浮剂 1 袋（10 克）、或 48%农精灵（苯甲·嘧菌酯）悬浮剂 10 克+75%秀灿（肟菌·戊唑醇）可湿性粉剂 1 袋（10 克），兑 15 千克水全株喷雾。

处方 3：25%炭息（溴菌·多菌灵）可湿性粉剂 20~40 克+43%翠富（戊唑醇）悬浮剂 2 袋（12 毫升），兑 15 千克水全株喷雾。

每亩地至少喷 30 千克药液；交替喷雾，视病情间隔 5~7 天喷 1 次，连续喷防 2~3 次。

五、向日葵根腐病

（一）为害症状

向日葵长到 30 厘米后，中午萎蔫，起初尚可恢复，后终因不能恢复而枯死，拔出根茎部可见水渍状褐色病斑，剖开病根根腔部也已变褐，严重的仅留丝状输导组织，茎蔓内维管束一般不变褐，别于枯萎病。

（二）发病规律

病菌以菌丝体、厚垣孢子、或菌核在土壤中及病残体上越冬，可在土壤内存活 5~6 年甚至长达 10 年。病菌从根部伤口侵入，后在病部产生厚垣孢子，借雨水或灌溉水传播蔓延，进行再侵染。高温、高湿有利发病，连茬或迎茬种植、低洼积水发病重。

（三）药剂防治

重视发病前的预防及发病初期的救治是控制向日葵根腐病发生与流行的关键。可于向日葵现蕾至扬花前，每亩可用 25%炭息（溴菌·多菌灵）可湿性粉剂 1 袋（500 克）+11%迎盾（精甲·咯·嘧菌）悬浮剂 200 毫升、或 70%托富宁（甲基硫菌灵）可湿性粉剂 2 袋（1000克）+30%好苗（甲霜·噁霉灵）水剂 250~300 毫升，与适量水稀释后随水冲施。每亩也可用 1000 亿芽孢/克冠蓝（枯草芽孢杆菌）可湿性粉剂 500 克、或土巴丁颗粒剂 1~2 千克，与适量水稀释后随水冲施。视病情，下次浇水时再用药 1 次为佳。

六、向日葵螟虫

（一）为害特点

向日葵螟虫是危害向日葵最严重的一种以幼虫蛀食种子和葵盘的害虫，一般以老熟幼虫做茧在土中越冬。成虫是一种灰褐色的小蛾子，幼虫灰黄色，共 4 龄。初孵幼虫取食筒状花，多数幼虫从 2~3 龄期开始蛀食种子，将种仁局部或全部吃掉，形成空壳或深蛀花盘，在花盘上形成很多隧道，并在花盘子实上吐丝结网，状如丝毡。

（二）药剂防治

在幼虫尚未蛀入籽粒里的关键时期，可用 30%锐师（噻虫嗪）悬浮剂 1 袋（10 克）+10%力驰（联苯菊酯）乳油 1 袋（10 克）、或 5.7%农舟行（甲氨基阿维菌素苯甲酸盐）微乳剂 1 袋（15 克）、或 12%快捕令（甲维·茚虫威）水乳剂 15 毫升、或 3%中保先锋（高氯·甲维盐）微乳剂 30 毫升，兑 15 千克水重点对花盘进行喷雾防治。每亩地至少喷 30 千克药液。

七、向日葵列当

（一）为害症状

向日葵列当，属一年生全寄生草本植物，是向日葵种植区重要的寄生杂草，寄主植物广泛，除向日葵外，还可为害西瓜、甜瓜、番茄、亚麻等多种植物。列当茎直立，单生，肉质，黄褐色至褐色，无叶绿素；没有真正的根，靠短须状的假根侵入向日葵须根组织内寄生，致使植株矮小、瘦弱，不能形成花盘，最后全株枯死。

（二）防治措施

1. 合理轮作

发生过列当的向日葵及其他寄主植物的茬地，可与不被列当寄生的作物轮作，经过6~7年后再种向日葵。

2. 药剂播前土壤封闭处理

每亩用48%地乐胺（仲丁灵）乳油250毫升，兑30千克水均匀喷洒地表后随即覆盖地膜、待播。

3. 人工拔除

在向日葵列当发生的地区，可于向日葵普遍开花时期，也就是向日葵列当出土的盛期，用人工将浅土层列当幼苗连根除去、深土层列当斩断，也可在结实前拔除田间列当，及时收集销毁。

4. 药剂定向喷雾：向日葵花盘直径普遍超过10厘米后，也可用72%2，4-D丁酯乳油50毫升，兑15千克水定向喷于列当植株和土壤表面。喷雾要细致、均匀，将地表喷湿。

第四节　枸杞主要病虫害症状识别与防治技术

一、枸杞瘿螨

瘿螨是枸杞上的常发害虫。近年来，随着枸杞栽培面积的扩大，瘿螨的发生渐趋严重，对枸杞生产的影响越来越大。

（一）田间症状

以成若螨刺吸枸杞的叶片、花蕾、幼果、嫩茎、花瓣及花柄，尤其是叶片受害最重。叶片受害后，密生、或单生初黄绿色、后紫黑色痣状虫瘿，并使叶片扭曲变形。顶端嫩叶受害后，卷曲膨大成拳头状，变成褐色，提前脱落，造成秃顶枝条。嫩茎受害，在顶端叶芽处形成长 3~5 毫米的丘状虫瘿。花蕾被害后不能开花结果。

（二）发生规律

枸杞瘿螨属蛛形纲、蜱螨目、瘿螨科。以老熟雌成虫在冬芽的鳞片内或枝干皮缝中越冬。翌年 4 月中、下旬当枸杞冬芽刚开始露绿时，越冬螨开始出蛰活动，5 月中、下旬枸杞展叶时，出蛰成螨大量转移到枸杞新叶上产卵，孵出的幼螨钻入叶组织形成虫瘿， 8 月中、下旬转移至秋梢危害，11 月中旬气温下降后，成螨转入越冬。

（三）药剂防治

1. 萌芽前防治

4 月中、下旬当枸杞萌芽前，可喷 1 次 5 波美度石硫合剂，也可采用 45%~50%硫磺胶悬剂 50 毫升，兑水 15 千克喷洒，能够有效防治越冬成螨，并可兼治锈螨。

2. 展叶后防治

瘿螨发生前或发生初期，可用以下处方防治，叶正、背面都要喷到。

处方 1：24%满靶标（螺螨酯）悬浮剂 10 毫升+8%中保杀螨（阿维·哒螨灵）乳油 10~20 毫升+云展 1 袋（5 克），兑 15 千克水茎叶喷雾。

处方 2：45%吉杀（联肼·乙螨唑）悬浮剂 10 毫升+云展 1 袋（5 克），兑 15 千克水茎叶喷雾。

二、枸杞木虱

枸杞因茎叶繁茂、果汁甘甜、营养丰富，易遭受病虫危害。木虱，是枸杞上的常发害虫，广泛分布于宁夏、内蒙古、甘肃等西北枸杞栽培区。

近年来，甘肃河西走廊的枸杞栽培区木虱的发生渐趋严重，应关注其发生与防治。

（一）危害症状

枸杞木虱，别名黄疸，属木虱科。以成、若虫在枸杞叶背把口器插入叶片组织内，刺吸汁液，致枝瘦叶黄，树势衰弱，浆果发育受抑，品质下降，造成春季枝干枯。

（二）形态特征

木虱成虫形如小蝉，全体黑褐色，有橙黄色斑纹，体长 2 毫米，翅展 6 毫米，复眼赤褐色，很大。卵长 0.3 毫米，橙黄色，长椭圆形，具 1 细如丝的短柄，固着在叶上。若虫扁平，固着在叶上，如似介壳虫。

（三）发生规律

木虱年发生 3~4 代，以成虫在土块、树干上、枯枝落叶层、树皮处越冬。翌春枸杞发芽时开始活动，把卵产在枸杞叶背或叶面，黄色，有丝状卵柄，密集如毛。卵孵化后，若虫就在原叶或附近枝叶刺吸汁液。成虫多在叶背栖息，抽吸汁液时常摆动身体。成虫和若虫在取食过程中，一边吸食一边分泌蜜露于下层叶面，招致煤烟病。6~7 月为木虱盛发期，且世代重叠，各期虫态均多，严重时几乎每株每叶均有此虫。受害特重的植株到 8 月下旬即开始枯萎。

（四）综合防治

1. 黄板诱杀

利用木虱成虫对黄色趋性，在枸杞园内悬挂黄板诱杀成虫效果很好。一般每亩悬挂 30~40 张黄板。

2. 药剂防治

枸杞木虱的药剂防治宜早。枸杞展叶后或木虱发生初期，可用以下处方防治。交替喷防，药液量要足，喷雾要均匀，连喷 2~3 次，间隔期 15~20 天。

处方 1：30% 锐师（噻虫嗪）悬浮剂 15 克 +10% 力驰（联苯菊酯）乳油 15 克 + 云展 5 克，兑 15 千克水喷雾。

处方 2：33%劲勇（氯氟·吡虫啉）悬浮剂 15 克+云展 5 克，兑 15 千克水喷雾。

处方 3：27%戈锐利（联苯·吡虫啉）悬浮剂 20 毫升+云展 5 克，兑 15 千克水喷雾。

处方 4：60%中保荣俊（吡蚜·呋虫胺）水分散粒剂 10 克+云展 5 克，兑 15 千克水喷雾。

三、枸杞蚜虫

随着枸杞种植面积的扩大、种植年限的增加，枸杞蚜虫也渐成为枸杞生产中的重要害虫。

（一）发生危害

大量成、若蚜群集于枸杞嫩梢、叶背及叶基部，刺吸汁液，使叶片变形萎缩，树势衰弱，严重影响枸杞的开花结果及生长发育。

枸杞蚜虫一年发生 10 余代，且繁殖力强、世代重叠。以卵在枸杞枝条缝隙内越冬。春季枸杞发芽后，孵化出的成蚜开始取食、交尾、产卵，种群密度增殖较快。秋季枸杞发新梢时蚜虫数量又上升，密集于新枝梢为害。

（二）药剂防治

1. 推荐处方

蚜虫发生初期，可用 50%可立超（氟啶虫酰胺）水分散粒剂 2~4 克+70%吡蚜酮可湿性粉剂 5 克、或 15%中保荣捷（氟啶·吡丙醚）悬浮剂 10~15 克+30%锐师（噻虫嗪）悬浮剂 10 克+云展 5 克、或 60%中保荣俊（吡蚜·呋虫胺）水分散粒剂 10 克+50%可立超（氟啶虫酰胺）水分散粒剂 2 克+云展 5 克，兑 15 千克水全田均匀喷雾防治。

2. 喷雾要求

无风或微风天喷雾；于上午露水干后或下午 4 点以后均匀喷雾；树枝内外都要喷到。

温馨提醒：在喷雾时可添加钙尔美、或戴乐藻靓等，有利花蕾发育、饱满着色、增加产量、改善品质。

四、枸杞炭疽病

枸杞炭疽病，俗叫黑果病，是枸杞上为害严重的病害。

（一）田间症状

主要为害青果，也为害叶、蕾、花。青果染病，先在果面上生小黑点或不规则褐斑，遇连阴雨病斑不断扩大，致使半果或整果变黑，干燥时病果呈黑色缢缩；湿度大时，病果上可长出很多橘红色胶状小点。叶片染病，多在叶缘产生褐色半圆形病斑，扩大后变黑，湿度大呈湿腐状，病部表面出现黏滴状橘红色小点。

（二）发病规律

枸杞炭疽病以菌丝体和分生孢子在枸杞树上和地面病残果上越冬。翌春枸杞复苏、展叶、开花、结果后，主要靠雨水反溅到幼果、叶片上，经蚜虫等造成的伤口或直接侵入。果面有水膜，利于孢子萌发，武威、金昌等地区多于6月下旬开始发病，降雨多的7~8月易发生、流行。枸杞枝条靠近地表处，青果发生严重。降雨后或连阴田灌水、或灌水后降大雨，有利病害发生与流行。

（三）防治措施

1. 农艺控害

收获后及时剪去病枝、病果，清除树上和地面上的病残果，集中深埋或烧毁。6月下旬开始，不定期清除树体和地面上的病残果，以减少初侵染源。浇水应在上午进行，以控制田间湿度，减少夜间果面结露。病害已发期间，禁止大水漫灌，并注意灌水后、或暴雨后排出枸杞田积水。

2. 药剂防治

（1）药剂预防

病害易发期，或果实采摘后，可用以下处方喷雾预防。7天左右喷1次，交替喷防。提倡在喷雾药剂中加入钙尔美、戴乐藻靓等叶面肥，以提高抗逆性。

处方1：25%炭息（溴菌·多菌灵）可湿性粉剂50~75克，兑15千克水全株喷雾。

处方2：43%翠富（戊唑醇）悬浮剂10毫升、或80%翠果（戊唑醇）水分散粒剂8克+70%喜多生（丙森锌）可湿性粉剂25克，兑15千克水全株喷雾。

处方3：75%秀灿（肟菌·戊唑醇）可湿性粉剂1袋(10克)+70%喜多生（丙森锌）可湿性粉剂25克，兑15千克水全株喷雾。

处方4：32.5%京彩（苯甲·嘧菌酯）悬浮剂10克、或48%农精灵（苯甲·嘧菌酯）悬浮剂10克+70%喜多生（丙森锌）可湿性粉剂25克，兑15千克水全株喷雾。

(2) 药剂救治

发病后重点抓好降雨后24小时内的喷药，以控制病害流行势头。可用以下处方交替喷雾防治。视病情，5~7天喷1次，连喷2~3次。

处方1：25%炭息（溴菌·多菌灵）可湿性粉剂50克+43%翠富（戊唑醇）悬浮剂10毫升、或80%翠果（戊唑醇）水分散粒剂8克，兑15千克水全株喷雾。

处方2：32.5%京彩（苯甲·嘧菌酯）悬浮剂15克、或48%农精灵（苯甲·嘧菌酯）悬浮剂10克+75%秀灿（肟菌·戊唑醇）可湿性粉剂1袋(10克)，兑15千克水全株喷雾。

处方3：43%翠富（戊唑醇）悬浮剂15毫升+32.5%京彩（苯甲·嘧菌酯）悬浮剂1袋（10克），兑15千克水全株喷雾。

处方4：25%康秀（吡唑醚菌酯）悬浮剂1袋(10克)+80%翠果（戊唑醇）水分散粒剂1袋（8克），兑15千克水全株喷雾。

五、枸杞根腐病

(一) 田间症状

枸杞根腐病主要危害植株根部及茎基部。病株外观表现为叶片发黄、萎垂。挖起病株剖检根、茎部，可见患部变褐至黑褐色，有的皮层腐烂、脱落，露出木质部。根茎内部维管束亦变褐。潮湿时患部表面有时出现白色至粉红色粉霉病症。

（二）发病规律

病原菌（尖孢镰刀菌、茄类镰刀菌、同色镰刀菌）通过树体病部或残留在土壤中的病残体越冬，翌年条件适宜时，病菌从伤口或穿过组织皮层直接入侵到植物组织内部，引起发病。病菌孢子主要通过降雨、灌溉随水传播。田间积水是增加发病率的重要原因，通气性差的土壤比通气性好的沙壤土发病早而重，中耕作业造成根损伤，有利于病原菌的入侵。多雨年份、光照不足、种植过密、修剪不当发病重。

（三）药剂防治

枸杞发病初期，可用 25% 炭息（溴菌·多菌灵）可湿性粉剂 100 克+11% 迎盾（精甲·咯·嘧菌）悬浮剂 15 毫升、或 70% 托富宁（甲基硫菌灵）可湿性粉剂 100 克+30% 好苗（甲霜·噁霉灵）水剂 75 毫升，兑水 15 千克灌根，1~2 年生每株灌 3 千克药液，3 年以上生每株灌 5~7.5 千克药液（每桶药液灌 2~3 株）。

六、枸杞负泥虫

（一）发生危害

负泥虫属鞘翅目、叶甲科。该虫肛门向上开口，粪便排出后堆积在虫体背上，故称负泥虫。是中国西北干旱和半干旱地区枸杞主要种植区为害枸杞的食叶性害虫。该虫为暴食性食叶害虫，食性单一，主要为害枸杞的叶子，成虫、幼虫均嚼食叶片，幼虫危害比成虫严重，以 3 龄以上幼虫为害严重。幼虫食叶使叶片造成不规则缺刻或孔洞，严重时全部吃光，仅剩主脉，并在被害枝叶上到处排泄粪便，早春越冬代成虫大量聚集在嫩芽上危害，致使枸杞不能正常抽枝发叶。

枸杞负泥虫以成虫及幼虫在枸杞的根际附近的土下越冬，4 月下旬枸杞开始抽芽开花时，负泥虫即开始活动。负泥虫具有成虫寿命长、产卵期长、产卵量甚大、卵孵化率高、时代重叠等特点。1龄幼虫常群集在叶片背面取食，吃叶肉而留表皮，2龄后分散为害，虫屎到处污染叶片、枝条，于7月上旬开始出现第二代，大量的成虫聚集产卵，8、9月为负泥虫大量暴发时期。幼虫老熟后入土3~5厘米处吐白丝，和土粒结成棉絮状茧，化蛹其中。

（二）防治措施

1. 农艺措施

可在冬季成虫或老熟幼虫越冬后清理枸杞树下的根蘖苗、枯枝落叶及田边、路边的杂草，每年春季要干净彻底地清除一次，对全年负泥虫数量减少有显著作用。一旦发现有虫害发生迹象，可以人工挑除负泥虫幼虫、成虫、卵。及时修剪被危害枝，将虫害控制在发病初期。

2. 药剂防治

3月下旬至4月上旬在浅耕或翻耕后，每亩用8%金速战（高效氯氟氰菊酯）微乳剂450毫升，加适量水稀释后喷拌成毒土撒施地表，并耙糖平。

第五节　娃娃菜等蔬菜主要病虫害症状识别与防治技术

一、小菜蛾

小菜蛾又名小青虫，武威、金昌农户俗称"吊死鬼"，是大白菜、娃娃菜、油菜、花椰菜、甘蓝等十字花科蔬菜上为害严重的害虫。由于其发生世代多，繁殖能力强，寄主范围广，易产生抗药性，小菜蛾的防治难度越来越大。

（一）为害症状

为害虫态为幼虫，初孵幼虫深褐色，后变为绿色。初龄幼虫仅取食叶肉，留下表皮，在菜叶上形成一个个透明的"天窗斑"，3~4龄幼虫食量剧增，可将菜叶食成孔洞和缺刻，严重时全叶被吃成网状。

（二）发生规律

小菜蛾一年发生 4~5 代，且世代重叠严重。以蛹在残株落叶、杂草丛中越冬。成虫有趋光性，昼伏夜出，白昼多隐藏在植株丛内，日落后开始活动。每头雌虫平均可产卵 200 余粒，卵散产。幼虫性活泼，受惊扰时可扭曲身体后退、或吐丝下垂"装死"。小菜蛾喜干旱条件，发育最适温度为 20℃~30℃。在适宜条件下，卵期 3~11 天，幼虫期 12~27 天，蛹期 8~14 天。

（三）防治措施

1. 清洁田园

收获后，要及时处理残株、枯叶，以消灭大量虫源。

2. 诱杀成虫

利用小菜蛾的趋光性，在成虫发生期间，10 亩左右可放置太阳能自控频振式杀虫灯一盏，以诱杀小菜蛾，减少虫源。

3. 性诱防治

每亩设置 8~10 个小菜蛾性诱芯盆，每个生长季放 1~2 次诱芯盆，可诱到大量小菜蛾成虫，有效地降低其虫口数。

4. 药剂防治

（1）小菜蛾幼虫零星发生田

田间产卵高峰期至初孵幼虫始见期，可用以下处方喷雾防治，交替喷雾，7~10 天喷一次。

处方 1：12%快捕令（甲维·茚虫威）水乳剂 10~15 毫升+5%施百功（高效氯氟氰菊酯）微乳剂 20~25 毫升+云展 5 克，兑 15 千克水喷雾。

处方 2：5.7%农舟行（甲氨基阿维菌素苯甲酸盐）微乳剂 20 克+8%金速战（高效氯氟氰菊酯）微乳剂 10~15 毫升+云展 5 克，兑 15 千克水喷雾。

处方 3：10%虫秋（氟苯虫酰胺）悬浮剂 10 克+3%中保先锋（高氯·甲维盐）微乳剂 25~30 毫升+云展 5 克，兑 15 千克水喷雾。

处方 4：10%瑞梦得（联苯·氟酰胺）悬浮剂 10 毫升+1.8%阿维菌素

乳油 20~25 毫升+云展 5 克，兑 15 千克水喷雾。

处方 5：35%倍宁（依维·虫螨腈）悬浮剂 15 毫升+5%氟啶脲乳油 25 毫升+云展 5 克，兑 15 千克水喷雾。

2. 小菜蛾幼虫为害较重田

处方 1：10%虫秋（氟苯虫酰胺）悬浮剂 10 克+12%快捕令（甲维·茚虫威）水乳剂 15 克+5%施百功（高效氯氟氰菊酯）微乳剂 20~25 毫升+云展 5 克，兑 15 千克水喷雾。

处方 2：5.7%农舟行（甲氨基阿维菌素苯甲酸盐）微乳剂 20 克+8%金速战（高效氯氟氰菊酯）微乳剂 10~15 毫升+云展 5 克，兑 15 千克水喷雾。

处方 3：12%锋利（甲维·虫螨腈）悬浮剂 15 毫升+10%瑞梦得（联苯·氟酰胺）悬浮剂 10 毫升+云展 5 克，兑 15 千克水喷雾。

喷药要求：药剂二次稀释，最后稀释添加云展；喷雾压力要足，雾化要好，均匀周到，忌漏喷；视天气情况，下午 5 点后喷雾；幼苗期每亩至少喷 30 千克药液，包心后每亩至少喷 40 千克药液。交替喷雾，视虫情、处方的持效期，间隔 7~15 天喷 1 次药。

注意：防治小菜蛾时，不要使用含有辛硫磷、敌敌畏成分的农药，以免烧叶。

二、青笋、娃娃菜霜霉病

霜霉病属高湿型气传病害，是青笋、娃娃菜上为害严重的叶斑病害，一旦湿度等发病条件具备，则流行快、灾害性强。早预防、早救治是控制青笋、娃娃菜霜霉病的关键。

（一）田间症状

从幼苗至成株期都可发生，以生长中后期发生较重，主要为害青笋、娃娃菜的叶片。病斑先出现于植株下部近地面或外部叶片，后逐渐向上部叶片发展。初时叶面出现淡黄色近圆形病斑，逐渐扩大成不定形，或因受叶脉限制而呈多角形，病斑颜色后期变成黄褐色，严重时许多病斑相连，可使叶片提早干枯。潮湿时病斑背面长出稀疏的霜状霉层。

（二）发病规律

田间病残体等越冬的病菌为初侵染源。病部产生的霜霉状霉层即为田间再次侵染菌源。主要借风、雨等传播。病菌孢子萌发和侵入必须是在有水滴（膜）的情况下，再加上适宜的温度配合才能完成。降雨或灌水多、田间湿度大时有利病害的发生和发展。

（三）药剂防治

1. 药剂预防

秋茬青笋开始封小行前、或娃娃菜包心期，可用72%霜霉疫净（霜脲·锰锌）可湿性粉剂30克、或72%妥冻（霜脲·锰锌）可湿性粉剂30克、或30%辉泽（烯酰·咪鲜胺）悬浮剂25克、或48%康莱（烯酰·氰霜唑）悬浮剂10克+云展5克，兑15千克水全株喷雾。交替喷雾，7~10天喷1次。视植株覆盖度每亩地喷30~45千克药液。

2. 药剂救治

（1）霜霉病初发时的防治建议：

病害发生初期，可用以下处方喷雾防治。每亩地喷30~45千克。视病情，连喷2次。

处方1：72%霜霉疫净（霜脲·锰锌）可湿性粉剂30克+30%辉泽（烯酰·咪鲜胺）悬浮剂25克、或48%康莱（烯酰·氰霜唑）悬浮剂10克+云展5克，兑15千克水全株喷雾。

处方2：80%邦超（烯酰·噻霉酮）水分散粒剂20克、或52.5%盈恰（噁酮·霜脲氰）水分散粒剂1袋(10克)+云展5克，兑15千克水全株喷雾。

（2）霜霉病发生较重时的防治建议：

霜霉病发生严重的菜田，可用以下处方喷雾防治。每亩地喷30~45千克。视病情，连喷2次。

处方1：30%辉泽（烯酰·咪鲜胺）悬浮剂30克+30%立克多（氟胺·氰霜唑）悬浮剂15克+云展5克，兑15千克水全株喷雾。

处方2：52.5%盈恰（噁酮·霜脲氰）水分散粒剂10克+8%康莱（烯

酰·氰霜唑）悬浮剂 10 克+云展 5 克，兑 15 千克水全株喷雾。

处方 3：39%优绘（精甲·嘧菌酯）悬浮剂 10 毫升+80%邦超（烯酰·噻霉酮）水分散粒剂 20 克+云展 5 克，兑 15 千克水全株喷雾。

三、青笋、娃娃菜软腐病

（一）田间症状

娃娃菜、青笋感染病害后，有的叶柄基部和茎处心髓组织完全腐烂，充满灰褐色黏稠物，有腥臭味，稍踢即倒。有的发生心腐，从顶部向下或从茎部向上发生腐烂；有的外叶叶缘焦枯，同时感病部位有细菌黏液，并发出一种恶臭味。

（二）发病规律

软腐病属细菌性病害。病菌主要随同病株和病残体在土壤、农肥、菜窖或留种株上越冬。借助昆虫、灌溉水及风雨冲溅，从植株伤口侵入。小菜蛾、菜青虫等咀嚼式口器昆虫密度大、干烧心严重，灌水过量、降雨频繁等，有利病害发生。

（三）药剂防治

喷雾：发病前可用 3%科献（中生菌素）可湿性粉剂 30 克、或 4%中保镇卫（春雷霉素）水剂 30 毫升、或 30%扫细（琥胶肥酸铜）悬浮剂 30 克，兑 15 千克水全株喷雾预防。发病初期，可用 30%涂园清（春雷·喹啉铜）悬浮剂 30 克、或 30%扫细（琥胶肥酸铜）悬浮剂 30 克+4%中保镇卫（春雷霉素）水剂 30 毫升，兑 15 千克水全株喷雾救治。

灌根：病害发生较重时，结合灌水，每亩滴（冲）施 30%扫细（琥胶肥酸铜）悬浮剂 1000 克、或 77%蓝沃（氢氧化铜）可湿性粉剂 500~1000 克。

四、娃娃菜、青笋根腐病

（一）田间症状

娃娃菜：成株期生长缓慢，叶片逐渐变黄、萎蔫失水，主根、须根表面粗糙、龟裂。

青笋：主要危害茎基或根部，初发病部变褐色，皮层逐渐腐烂，表皮下有白色菌丝体，严重时小根全部烂掉，根部溃烂，植株黄化、凋萎死亡，但不落叶。

（二）发病规律

根腐病常与沤根症状相似，属真菌病害。病菌在土壤中和病残体上过冬，成为翌年主要初侵染源，病菌从根茎部或根部伤口侵入，通过雨水或灌溉水进行传播和蔓延。土壤黏性大、易板结、通气不良致使根系生长发育受阻，易发病。根部受到地下害虫、线虫的危害后，伤口多，也有利病菌的侵入。灌水不当，尤其是低洼积水处最易发病。

（三）防治措施

1. 增施菌肥

提倡基施宝易生物有机肥，滴施灌根宝、奥世康等菌剂，以促根、防病。

2. 提高抗性

分别在花蕾期、幼果期、果实膨大期，交替喷施戴乐威旺、戴乐能量、钙尔美等，增强植株营养匹配功能，促使植株健康生长，增强抗病能力。

3. 药剂防治

发病初期，每亩可用25%炭息（溴菌·多菌灵）可湿性粉剂500~1000克 、或70%托富宁（甲基硫菌灵）可湿性粉剂1000克、或30%好苗（甲霜·噁霉灵）水剂500~1000毫升，与适量水稀释后随水冲施。每亩也可用1000亿芽孢/克冠蓝（枯草芽孢杆菌）可湿性粉剂500克、或奥世康2升、或土巴丁颗粒剂1~2千克，与适量水稀释后随水滴施或冲施。

五、娃娃菜干烧心

在娃娃菜种植过程中，最让种植农户头疼的是干烧心，对其产量、品质影响极大。

（一）田间症状

娃娃菜莲座期即可显症。初时叶边缘干枯、向内卷缩，轻者生长受到抑制，重者包心不紧实，甚至不包心。结球初期，叶边缘出现水渍状，并呈黄色透明，逐渐发展成黄褐色焦叶，向内卷曲。结球后期，病株外观无异常，但内部球叶黄化、发黏、变质，不能食用。

（二）引致原因

主要是因钙吸收不良引致。土壤含盐量偏高、或偏施氮肥、或根系发育不良、或土壤水分供应不均匀、或低洼积水、或气温过高等都会影响娃娃菜对钙元素的吸收。

（三）防治措施

1. 适区种植

娃娃菜属半耐寒性蔬菜植物，平均温度高于25℃，生长不良。古浪、天祝的河谷灌区及民乐、山丹、永昌、凉州、古浪等地的沿山冷凉灌区，是娃娃菜的最佳种植区域。海拔越低、气温越高、土壤沙性越大，越易发生干烧心。

2. 科学施肥

在目前土壤基本无农家肥投入的情况下，基施磷二铵及多元复合肥时，提倡增施宝易生物有机肥等菌肥。追肥时，适度控制氮素用量，在莲座初期可追施一次戴乐根喜多、或海力润等，以促进根系发育，提高氮磷钾及钙、锰等中微量元素的利用率。

3. 合理浇水

娃娃菜生育期水分供应要均匀，遇干旱要及时浇水，宜实行小水灌溉，使土壤不干不涝，切忌大水漫灌或低洼积水，以免田间受涝损伤根系，妨碍吸收。尤其是莲座期应注意土壤湿度的变化，适时灌水。

4. 喷冲钙肥

喷施：叶面喷施钙肥，既能促进大白菜生长、改善品质，又能有效地防止大白菜干烧心的发生。可于娃娃菜莲座期开始，用钙尔美15克、或戴乐钙20克、或戴乐藻靓15克，兑15千克水叶面喷雾，间隔7~10天左右喷 1 次。可以单喷，也可与杀虫剂、杀菌剂混用喷施，每次喷药都应补钙。

滴施：娃娃菜莲座中期、包心期，可结合浇水，每亩随水滴施钙尔美500 克、或戴乐钙 750 克，对补充钙素、预防干烧心至关重要。

(大田作物主要虫害原色图谱见彩图 6)

第四章　病虫害防治及生理性障碍调理药物简介

第一节　杀虫杀螨剂

一、农舟行

农舟行的通用名称为甲氨基阿维菌素苯甲酸盐，有效成分含量为5.7%，剂型为微乳剂，毒性为低毒。

1. 产品性能

一是安全、环保：仿生物农药，作物任何时期使用，高度安全。低毒、低残留、无公害。二是广谱、高效：杀虫活性高，具有胃毒和触杀作用，对蓟马、斑潜蝇、鳞翅目幼虫效果突出，尤其对抗蓟马特效。三是桶混性好：剂型独特，桶混性好，省工省力，有利多种病虫联合用药防治。

2. 使用技术

防治蓟马：温室及洋葱等作物上蓟马初发、或中等发生时，可用5.7%农舟行（甲氨基阿维菌素苯甲酸盐）微乳剂 30~40 克，兑 15 千克水全株均匀喷雾。洋葱及温室作物上蓟马发生严重时，可用 5.7%农舟行（甲氨基阿维菌素苯甲酸盐）微乳剂 50 克，兑 15 千克水全株均匀喷雾。

防治斑潜蝇：洋葱、娃娃菜潜叶蝇及温室作物斑潜蝇初发期，可用5.7%农舟行（甲氨基阿维菌素苯甲酸盐）微乳剂15~20克，兑15千克水全株均匀喷雾。

防治鳞翅目害虫：娃娃菜、甘蓝、油菜等作物田小菜蛾、菜青虫、甜菜夜蛾、甘蓝夜蛾及草地贪夜蛾等鳞翅目害虫产卵高峰期至低龄幼虫期，可用5.7%农舟行（甲氨基阿维菌素苯甲酸盐）微乳剂15~20克，兑15千克水全株均匀喷雾。

3. 注意事项

防治洋葱田蓟马，最好与内吸性强、持效期长的锐师等混配施用。喷雾一定均匀周到，花、芽、叶、果都要喷到。辣椒、茄子的花向下开，喷头应倾斜向上喷，尽量让药液与花蕊充分接触。根据蓟马畏光特点及农舟行易见光分解特性，建议在上午9点以前、下午5点以后喷施。

二、锐师

锐师的通用名称为噻虫嗪，有效成分含量为30%，剂型为悬浮剂，毒性为低毒。

1. 产品性能

锐师为第二代新烟碱类杀虫剂，专业针对刺吸式口器害虫。具有胃毒性、触杀性及内吸活性，产品高效低毒，对环境安全友好。除叶面喷雾外，还可做种子、土壤处理，作用速度快，持效期长，并对植物生长有一定刺激作用。

2. 使用技术

防治小麦、玉米、棉花、洋葱、马铃薯、枸杞、油菜及果树蚜虫、蓟马，可用30%锐师（噻虫嗪）悬浮剂10~20克，兑15千克水喷雾。

防治温室粉虱，可用30%锐师（噻虫嗪）悬浮剂15克+10%中保力驰（联苯菊酯）乳油15克，兑15千克水喷雾。药后5~7天再喷1次。

3. 注意事项

不能与碱性药剂混用。不要在低于零下10℃和高于35℃的环境储存。

对蜜蜂有毒，用药时要特别注意。

三、中保荣俊

中保荣俊的通用名称为吡蚜·呋虫胺，有效成分含量为 60%（呋虫胺 20%、吡蚜酮 40%），剂型为水分散粒剂，毒性为低毒。

1. 产品性能

中保荣俊具有触杀、胃毒和内吸性强、速效性高、持效期长、杀虫谱广等特点，且对蓟马、粉虱等刺吸口器害虫有优异防效。

2. 使用技术

瓜菜、洋葱等作物粉虱低龄若虫高峰期和蓟马发生初期，可用 60% 中保荣俊（吡蚜·呋虫胺）水分散粒剂 8~12 克，兑 15 千克水喷雾防治，重复用药间隔期最少 7 天。

3. 注意事项

避免持续使用或与作用位点相似的杀虫剂轮换使用；避免在蔬菜制种田用药；不可与其他烟碱类杀虫剂混合使用；对蜜蜂有毒，露地蜜源植物花期及开花前 7 天禁用。

四、劲勇

劲勇的通用名称为氯氟·吡虫啉，有效成分含量为 33%（高效氯氟氰菊酯 6.6%、吡虫啉 26.4%），剂型为悬浮剂，毒性为低毒。

1. 产品性能

劲勇属吡啶类与菊酯类复配制剂，具内吸传导、触杀、胃毒功能，击倒杀伤速度较快，持效期较长，对蚜虫、蓟马等刺吸式口器害虫高效。

2. 使用技术

蚜虫、蓟马发生初期，可用 33% 劲勇（氯氟·吡虫啉）悬浮剂 10~15 毫升，兑 15 千克水喷雾防治。

3. 注意事项

本品对蜜蜂有毒，露地蜜源作物花期禁用。对豆类作物较敏感，应慎用。建议与其他不同作用机理的杀虫剂交替使用。

五、瑞梦得

瑞梦得的通用名称为联苯·氟酰脲，有效成分含量为 10%（联苯菊酯 5%、氟酰脲 5%），剂型为悬浮剂，毒性为中等。

1. 产品性能

瑞梦得为联苯菊酯与氟酰脲的复配制剂。具有触杀和胃毒作用，可用于娃娃菜、甘蓝、油菜等作物田小菜蛾等鳞翅目害虫的防治。

2. 施用技术

防治娃娃菜、甘蓝、油菜等作物田小菜蛾，可于卵孵化盛期或低龄幼虫期，用 10%瑞梦得（联苯·氟酰脲）悬浮剂 15 毫升，兑 15 千克水均匀喷雾。

六、金速战、粒垦达

金速战、粒垦达的通用名称为高效氯氟氰菊酯。金速战的有效成分含量为 8%，剂型为微乳剂。粒垦达有效成分含量为 23%，剂型为微胶囊剂，毒性均为中等。

1. 产品性能

金速战、粒垦达为非内吸性拟虫菊酯类杀虫剂，具较强的触杀和胃毒作用，击倒速度较快，对菜青虫等鳞翅目害虫有较好效果。

2. 使用技术

防治菜青虫等害虫，可于低龄幼虫高峰期用 8%金速战（高效氯氟氰菊酯）微乳剂 15~20 毫升、或 23%粒垦达（高效氯氟氰菊酯）微胶囊剂 10 毫升，兑 15 千克水喷雾。

防治洋葱、辣椒、娃娃菜、玉米、韭菜等作物田地下害虫，可于浇灌压膜水、或定植水时用 8%金速战（高效氯氟氰菊酯）微乳剂 300~450 克、或 23%粒垦达（高效氯氟氰菊酯）微胶囊剂 100~120 克与适量水稀释后随水滴（冲）施。

3. 注意事项

建议与其他不同作用机理的杀虫剂交替使用。露地蜜源作物田勿用。

七、快捕令

快捕令的通用名称为甲维·茚虫威，有效成分含量为12%（甲氨基阿维菌素苯甲酸盐2%，茚虫威10%），剂型为水乳剂，毒性为低毒。

1. 产品性能

快捕令为新型高效复配杀虫剂，产品共毒系数极高，协调增效明显，属超高效、低毒、低残留、环保型农药。具有触杀和胃毒作用，以及一定的渗透作用，极易被植物吸收并渗透到表皮，可杀死表皮下害虫，并有较好的耐雨水冲刷性能，对鳞翅目抗性害虫效果显著，对大龄幼虫的防治效果同样出色。

2. 使用技术

防治玉米、娃娃菜、甘蓝、油菜、豆类、瓜类、棉花等抗性小菜蛾、菜青虫、甜菜夜蛾、甘蓝夜蛾、豆荚螟、玉米螟、棉铃虫、草地贪夜蛾等鳞翅目害虫，可于产卵高峰期至低龄幼虫期，用12%快捕令（甲维·茚虫威）水乳剂10~15毫升，兑15千克水喷雾。

八、虫秋、福先安

虫秋、福先安的通用名称为氟苯虫酰胺，有效成分含量为10%，剂型为悬浮剂，毒性为微毒。

1. 产品性能

虫秋、福先安为邻苯二甲酰胺类杀虫剂，具有胃毒和触杀及快速拒食作用，无内吸性、高效、广谱。可广泛用于小菜蛾、菜青虫、甘蓝夜蛾、玉米螟、棉铃虫、草地贪夜蛾、食心虫等鳞翅目害虫的防治。

2. 使用技术

防治小菜蛾、菜青虫、甜菜夜蛾、斜纹夜蛾、甘蓝夜蛾等叶株上的鳞翅目害虫，可于卵孵化盛期至低龄幼虫期，用10%虫秋、福先安（氟苯虫酰胺）悬浮剂 10~15 毫升，兑 15 千克水喷雾。

防治玉米田棉铃虫、果实桃小食心虫、蔬菜上烟青虫、豆类作物上的豆荚螟及向日葵螟虫等钻蛀性鳞翅目害虫，可于卵孵化盛期至低龄幼虫期用 10% 虫秋、福先安（氟苯虫酰胺）悬浮剂 15 毫升，兑 15 千克水喷雾。

九、中保先锋

中保先锋的通用名称为高氯·甲维盐，有效成分含量为 3%（甲维盐阿维菌素苯甲酸盐 0.3%、高效氯氰菊酯 2.7%），剂型为微乳剂，毒性为低毒。

1. 产品性能

中保先锋杀虫机理独特，杀虫谱广，集强效触杀、胃毒、熏蒸作用于一身，击倒速度快，持效期长，渗透性强，可有效防治黏虫、小菜蛾、菜粉蝶、斜纹夜蛾、甜菜夜蛾、甘蓝夜蛾、草地贪夜蛾等蛾类害虫的幼虫。

2. 使用技术

黏虫、小菜蛾、草地贪夜蛾等低龄幼虫发生时，可用 3% 中保先锋（高氯·甲维盐）微乳剂 50 毫升，兑 15 千克水均匀喷雾。除碱性农药外，可与多种农药、化肥现混现用。

十、可立超、展耀

可立超、展耀的通用名称为氟啶虫酰胺，有效成分含量为 50%，剂型为水分散粒剂，毒性为低毒。

1. 产品性能

可立超、展耀为新型低毒吡啶酰胺类昆虫调节剂类杀虫剂，除具有触杀和胃毒作用，还具有很好的神经毒剂和快速拒食作用。蚜虫的刺吸式口器害虫取食吸入带有氟啶虫酰胺的植物枝叶后，会被迅速阻止吸汁液，1 小时之内完全没有排泄物出现，最终因饥饿死亡。

2. 使用技术

温室瓜菜作物及露地辣椒、玉米、枸杞、苜蓿等作物的蚜虫、粉虱发生初期，可用50%可立超（氟啶虫酰胺）水分散粒剂2~3克+70%吡蚜酮可湿性粉剂5克，兑15千克水喷雾防治。也可用50%展耀（氟啶虫酰胺）水分散粒剂2~3克+60%中保荣俊（吡蚜·呋虫胺）可溶粒剂4克、或30%锐师（噻虫嗪）悬浮剂10克，兑15千克水喷雾防治。

十一、中保荣捷

中保荣捷的通用名称为氟啶·吡丙醚，有效成分含量为15%（氟啶虫酰胺7.5%、吡丙醚7.5%），剂型为悬浮剂，毒性为微毒。

1. 产品性能

本品为吡丙醚和氟啶虫酰胺的混配杀虫剂。吡丙醚为保幼激素类型的几丁质合成抑制剂，具有强烈的杀卵作用。氟啶虫酰胺为吡啶酰胺类昆虫生长调节剂，具有触杀和内吸作用。对蚜虫、粉虱、果蝇等有较好的防治效果。

2. 使用技术

温室瓜菜作物及露地辣椒、玉米、枸杞、苜蓿等作物的蚜虫、粉虱发生初期，可用15%中保荣捷（氟啶·吡丙醚）悬浮剂10~15克，兑15千克水喷雾防治。

十二、班潜静

班潜静的通用名称为阿维·杀虫单，有效成分含量为20%（阿维菌素0.2%、杀虫单19.8%），剂型为微乳剂，毒性为低毒。

1. 产品性能

班潜静为沙蚕毒素类似物与大环内酯双糖类化合物复配的杀虫剂。对害虫有触杀、胃毒及熏蒸作用，渗透性强且内吸传导，对斑潜蝇等蝇类害虫的成虫、幼虫及卵有较强的杀灭作用。

2. 使用技术

防治瓜类、蔬菜等作物的斑潜蝇、潜叶蝇等害虫，可于其发生初期用20%斑潜静（阿维·杀虫单）微乳剂 2 袋（16 克），兑 15 千克水喷雾。虫害危害较重时，可用 20%斑潜静（阿维·杀虫单）微乳剂 2 袋（16 克）+31%道理（阿维·灭蝇胺）悬浮剂 1 袋(10 克)，兑 15 千克水喷雾。

十三、道理

道理的通用名称为阿维·灭蝇胺，有效成分含量为 31%（阿维菌素0.7%、灭蝇胺 30.3%），剂型为悬浮剂，毒性为低毒。

1. 产品性能

道理具有较强的胃毒、触杀和渗透性，施用后能快速渗入植物叶片，有效杀死潜叶危害的害虫，对卵、幼虫、蛹、成虫都有较强的杀伤力。可用于防治蔬菜、洋葱、豆类和花卉上的美洲斑潜蝇等农业害虫。

2. 使用技术

瓜菜、洋葱等作物于斑潜蝇等蝇类初发期，可用 31%道理（阿维·灭蝇胺）悬浮剂 1 袋（10 克），兑 15 千克水喷雾防治。虫害严重时，可用31%道理（阿维·灭蝇胺）悬浮剂 1.5 袋（15 克）、或 31%道理（阿维·灭蝇胺）悬浮剂 1 袋(10 克)+20%斑潜静（阿维·杀虫单）微乳剂 2 袋（16克），兑 15 千克水喷雾防治。

十四、吉杀

吉杀的通用名称为联肼·乙螨唑，有效成分含量为 45%（联苯肼酯30%、乙螨唑 15%），剂型为悬浮剂，毒性为低毒。

1. 产品性能

一是速效性好、持效期长：具有超强渗透性和耐雨刷，对多种害螨（红蜘蛛）的卵、幼螨、若螨、成螨通杀，48 小时死虫 80%以上，3 天内虫瘪卵黑，持效期可达 30 天左右。二是对环境友好：属低残留、易降解农药，对蜜蜂等有益生物低毒，且无残留，对环境安全。三是对作物安全：可在多种作物及果树的花期、幼果期、膨大期广泛使用，无药害，安全性高。四是混配性好：除不能与碱性农药、肥料混用外，可与绝大多数杀菌剂及叶面肥复配使用。

2. 使用技术

防治温室瓜类、蔬菜、葡萄红蜘蛛，可于初发时用45%吉杀（联肼·乙螨唑）悬浮剂1袋（8克），兑15千克水喷雾。红蜘蛛发生较重时，可用45%吉杀（联肼·乙螨唑）悬浮剂1.5袋（12克），兑15千克水喷雾。

防治果树及玉米田红蜘蛛，可于发生初期用45%吉杀（联肼·乙螨唑）悬浮剂10~15克，兑15千克水喷雾。

十五、满靶标

满靶标的通用名称为螺螨酯，有效成分含量为24%，剂型为悬浮剂，毒性为低毒。

1. 产品性能

满靶标是一种全新的高效内吸性叶面处理杀螨剂，与其他现有的杀螨剂之间无交互抗性。具有杀螨谱广，对卵和幼（若）螨特效；持效期长，一般可达50天以上；最好与其他速效性快的杀螨剂混用，速效性和持效性更加显著。

2. 施用技术

防治玉米、瓜类、花卉、葡萄、苹果等植物上的红蜘蛛，可于发生初期用24%螨危（螺螨酯）悬浮剂5毫升+8%中保杀螨（阿维·哒螨灵）乳油15~20毫升，兑15千克水全株喷雾防治。

十六、中保杀螨

中保杀螨的通用名称为阿维·哒螨灵，有效成分含量为8%（阿维菌素含量0.2%、哒螨灵含量7.8%），剂型为乳油，毒性为低毒。

1. 产品性能

本品是一种新型、速效、持久、安全的杀螨剂，防效高，持效期长，可兼治多种害虫，抓住害螨出蛰和第一代若螨进行防治，可收到事半功倍的效果。

2. 使用技术

防治玉米、果树及瓜菜作物上红蜘蛛及枸杞瘿螨的害螨，可于成、若螨发生初期，用8%中保杀螨（阿维·哒螨灵）乳油10~20毫升，兑15千克水喷雾，最好与持效期长的满靶标等混用。

3. 注意事项

对蜜蜂有毒，不要在开花期施用。对鱼高毒，应避免污染水源和池塘。

第二节　杀菌剂

一、阿泰灵

阿泰灵的通用名称为寡糖·链蛋白，有效成分含量6%（氨基寡糖素含量3%、极细链格孢激活蛋白含量3%），剂型为可湿性粉剂，毒性为低毒。

1. 产品性能

阿泰灵是中国农科院植保所研究而成的植物免疫诱导剂类生物农药，是创制型植物免疫蛋白质生物农药，国家专利创制产品，也是第一个走出国门的生物农药。具有提高免疫功能、促进根系发育、提高光合效率、增强多种抗性、缓解药害等功效，可防治作物真菌病害、细菌病害、病毒病及生理性病害，尤其对病毒病防治效果突出。

2. 使用技术

俗话说"一个好汉三个帮"。提倡阿泰灵+，以互补增效，提高综合防治效果。

（1）拌种：

小麦播种前，可用6%阿泰灵（寡糖·链蛋白）可湿性粉剂2袋（30

克）+35%苗得意（噻虫·福·萎锈）悬浮种衣剂1瓶（50克），兑适量水溶解、混匀后喷拌75~100千克小麦。既能促根、壮苗，又能防治地下害虫及黑穗病、根腐病等。

马铃薯播种前，6%阿泰灵（寡糖·链蛋白）可湿性粉剂1袋（15克）+70%霜霉疫净（霜脲·锰锌）可湿性粉剂50克+3%科献（中生菌素）可湿性粉剂25克，兑水1.5~2千克充分溶解后，喷拌100千克马铃薯种薯，可有效预防种薯传播的马铃薯晚疫病、黑胫病及病毒病，并能促根、壮芽、早出苗。

（2）喷雾：

防治温室蔬菜、瓜类、葡萄病毒病害、细菌病害、真菌病害，可于作物定植缓苗后、或病害发生前，用6%阿泰灵（寡糖·链蛋白）可湿性粉剂15克+40%克毒宝（烯·羟·吗啉胍）可溶粉剂15~25克或8%鲜彩（宁南霉素）水剂30克+秀尔碧绿20毫升，兑15千克水全株均匀喷雾。间隔7~10天喷1次，温室作物连喷3~4次。

防治马铃薯、洋葱、向日葵、烟草等作物病毒病害、真菌病害、细菌病害，可于直播作物苗齐后、或移栽作物缓苗能接住药后、或病害发生初期，可用6%阿泰灵（寡糖·链蛋白）可湿性粉剂20克，兑15千克水全株均匀喷雾。间隔7~10天喷1次，连喷2次。

温室、露地作物发生药害初期、或冷害来临前后、或发生收头初期，可用6%阿泰灵（寡糖·链蛋白）可湿性粉剂15~20克+植物生命源30毫升，兑15千克水全株均匀喷雾。间隔5~7天再用6%阿泰灵（寡糖·链蛋白）可湿性粉剂15~20克+0.01%农通达（24–表芸苔素内酯）可溶液剂10毫升，兑15千克水全株均匀喷雾。

（3）蘸根：

温室瓜菜作物定植前，可用6%阿泰灵（寡糖·链蛋白）可湿性粉剂30克+3%佳苗灵（甲霜·噁霉灵）水剂30克+30%锐师（噻虫嗪）悬浮剂20克+0.0025%金喷旺（烯腺·羟烯腺）可溶粉剂20克，兑30千克水稀释均匀后蘸苗根。苗栽后随即灌水。

洋葱移栽前，可用6%阿泰灵（寡糖·链蛋白）可湿性粉剂30克+11%迎盾（精甲·咯·嘧菌）悬浮剂50毫升+30%锐师（噻虫嗪）悬浮剂20克+0.0025%金喷旺（烯腺·羟烯腺）可溶性粉剂20克，兑15~20千克水稀释均匀后蘸苗根。

二、喜多生

喜多生的通用名称为丙森锌，有效成分含量70%，剂型为可湿性粉剂，毒性为低毒。

1. 产品性能

喜多生属保护性杀菌剂，对霜霉病、早疫病、晚疫病、炭疽病等多种病害具有良好的预防效果；含锌量15.8%，可快速消除作物缺锌症状，促进光合作用、愈伤组织形成、花芽分化授粉受精，提高作物抗旱、抗寒、抗病能力，减少黄瓜弯瓜和葡萄大小粒。

2. 使用技术

大田作物苗期、温室作物定植缓苗后，可用70%喜多生（丙森锌）可湿性粉剂1袋（25克），兑15千克水均匀喷雾，7~10天喷1次，可连续施药多次。可与绝大多数杀虫剂或杀菌剂混用。

三、炭息

炭息的通用名称为溴菌·多菌灵，有效成分含量为25%（溴菌腈25%，多菌灵5%），剂型为可湿性粉剂，毒性为低毒。

1. 产品性能

炭息系溴菌腈与多菌灵的复配制剂，优势互补，作用方式全面，保护、治疗、铲除功能俱全，杀菌谱广，内吸持效，除用于防治瓜类等作物炭疽病外，也可用于防治洋葱等作物根腐病。

2. 使用技术

（1）喷雾：

防治瓜类等作物炭疽病等病害，可于发生初期用25%炭息（溴菌·多菌灵）可湿性粉剂 20~40 克，兑 15 千克水全株均匀喷雾。病害较重时，也可用 25%炭息（溴菌·多菌灵）可湿性粉剂 20~40 克+32.5%京彩（苯甲·嘧菌酯）悬浮剂 10 克，兑 15 千克水全株均匀喷雾。

（2）土壤处理：

洋葱等育苗前，结合施肥、整地，100 米² 苗床用 25%炭息（溴菌·多菌灵）可湿性粉剂 1 袋（500 克）与适量细沙混匀后撒施。可有效杀灭土壤病菌，预防根腐病发生。

（3）随水冲施：

洋葱育苗棚结合浇灌第二个苗水、或病害发生初期、或洋葱起苗前 2~3 天，结合浇水 100 米² 苗床可用 25%炭息（溴菌·多菌灵）可湿性粉剂 250 克+11%迎盾（精甲·咯·嘧菌）悬浮剂 100~150 毫升，与适量水稀释混匀后随水冲施。

洋葱移栽后结合浇灌压苗水、或浇灌第一个促秧水、或田间发生根腐病初期时，每亩可用 25%炭息（溴菌·多菌灵）可湿性粉剂 1~2 袋（500~1000 克）与适量水溶解后随水冲施。

（4）随水灌根：

枸杞上发生根腐病初期，可用 25%炭息（溴菌·多菌灵）可湿性粉剂 100 克+11%迎盾（精甲·咯·嘧菌）悬浮剂 15 毫升，兑水 15~20 千克灌根。1~2 年生每株灌 3 千克药液，3 年以上生每株灌 5~7.5 千克药液。

3. 注意事项

不能与铜、汞制剂及碱性物质混用或前后紧接使用。

四、明沃

明沃的通用名称为精甲·噁霉灵，有效成分含量为 32%（精甲灵 4%、噁霉灵 28%），剂型为悬浮种衣剂，毒性为低毒。

1. 产品性能

明沃具有生根、壮苗、防病、治病、抗低温、对环境友好等特性，符合绿色防控的理念，对由腐霉菌、镰刀菌、丝菌核、苗腐菌等病原物引起的立枯病、枯萎病、根腐病、猝倒病、黄萎病等土传病害有显著的预防、救治效果。

2. 使用技术

（1）苗床喷淋：洋葱苗出齐、或根腐病发生初期，可用32%明沃（精甲·噁霉灵）悬浮剂10克+11%迎盾（精甲·咯·嘧菌）悬浮剂10毫升+植物生命源30毫升，兑水15千克喷淋苗床，50米²喷淋15千克药液。

（2）蘸根：瓜菜、洋葱等作物定植时，可用32%明沃（精甲·噁霉灵）悬浮剂20毫升+30%锐师（噻虫嗪）悬浮剂20克+6%阿泰灵（寡糖·链蛋白）可湿性粉剂30克+0.0025%金喷旺（烯腺·羟烯腺）可溶粉剂20克，兑30千克水稀释均匀后蘸苗根。

（3）灌根：温室瓜菜缓苗后、或套地膜前、或发病初期，可用32%明沃（精甲·噁霉灵）悬浮剂10毫升+11%迎盾（精甲·咯·嘧菌）悬浮剂10毫升，兑水15千克灌根或喷淋茎基部，以防治辣椒疫病、番茄和人参果茎基腐病、黄瓜枯萎病等土传病害。

五、佳苗灵

佳苗灵的通用名称为甲霜·噁霉灵，有效成分含量为3%（甲霜灵0.5%、噁霉灵2.5%），剂型为水剂，毒性为低毒。

1. 产品性能

佳苗灵为杂环化合物与酰苯胺类杀菌剂经科学配伍而成，具有保护、治疗作用，可被植株的根、茎、叶吸收，并随体内水分运输而转移到其他部位，可作茎叶喷雾、蘸根和土壤处理，可用于瓜类、蔬菜、花卉、药材、牧草等多种作物的立枯病、根腐病、猝倒病、枯萎病、黄萎病等土传病害的防治。

2. 使用技术

（1）蘸根：瓜菜、洋葱等作物定植时，可用3%佳苗灵（甲霜·噁霉灵）水剂30克+30%锐师（噻虫嗪）悬浮剂20克+6%阿泰灵（寡糖·链蛋白）可湿性粉剂30克+0.0025%金喷旺（烯腺·羟烯腺）可溶性粉剂20

克，兑 30 千克水稀释均匀后蘸苗根。

（2）淋茎：温室瓜菜缓苗后、或套地膜前、或发病初期，可用 3%佳苗灵（甲霜·噁霉灵）水剂 30 克+11%迎盾（精甲·咯·嘧菌）悬浮剂 10 毫升，兑 15 千克水喷淋茎基部，并让药液充分渗入土内，可有效防治辣椒疫病、番茄和人参果茎基腐病等土传病害。

六、迎盾

迎盾的通用名称为精甲·咯·嘧菌，有效成分含量 11%（精甲霜灵 3.3%、咯菌腈 1.1%、嘧菌酯 6.6%），剂型为悬浮种衣剂，毒性为低毒。

1. 产品性能

迎盾由精甲霜灵、咯菌腈、嘧菌酯复配而成。具有杀菌谱广、内吸传导性好、持效期长、安全性高等特点，可用于包衣、灌根、冲施、涂抹等，防治多种作物的根腐病等病害。

2. 使用技术

（1）包衣：蔬菜种子可用 11%迎盾（精甲·咯·嘧菌）悬浮种衣剂 75~100 毫升，兑适量水稀释后喷拌 100 千克种子。

（2）灌根：温室、大棚作物定植后，或根腐、枯萎病发生初期，可用 11%迎盾（精甲·咯·嘧菌）悬浮种衣剂 10~15 毫升兑 15 千克水灌根。

（3）淋茎基部：温室瓜菜缓苗后、或套地膜前、或发病初期，可用 11%迎盾（精甲·咯·嘧菌）悬浮剂 10 毫升+3%佳苗灵（甲霜·噁霉灵）水剂 30 克，兑水 15 千克喷淋茎基部，并让药液充分渗入土内，可有效防治辣椒疫病、番茄和人参果茎基腐病等土传病害。

（4）喷雾：防治洋葱根腐病，可于葱苗出齐后、或发病初期，用 11%盈盾（精甲·咯·嘧菌）悬浮种衣剂 1 袋（10 毫升）+32%明沃（精甲·噁霉灵）悬浮剂 10 克+植物生命源 30 毫升，兑 15 千克水喷雾。50 米^2 左右的苗床喷淋 15 千克药液。

（5）冲施：洋葱起苗前，结合浇灌起苗水，100 米^2 苗棚，可用 11%迎盾（精甲·咯·嘧菌）悬浮剂 100~150 毫升，与适量水稀释混匀后随水冲施。洋葱移栽后结合浇灌第一个促秧水、或发生根腐病初期，每亩可用11%迎盾（精甲·咯·嘧菌）悬浮剂200~330毫升，与适量水溶解后随水冲施。

七、露洁

露洁的通用名称为霜霉威盐酸盐，有效成分含量66.5%，剂型为水剂，毒性为低毒。

1. 产品性能

属内吸性的卵菌纲杀菌剂，具有剂型先进、内吸性强、持效期长、适用范围广、活性高、剂量低、施药灵活、效果明显的特点，是预防、救治苗床猝倒病的首选药剂。

2. 使用技术

苗床土消毒：可将66.5%露洁（霜霉威盐酸盐）水剂1~2袋（20~40克）溶于1喷雾器水中，搅匀后喷拌1方育苗基质，以防育苗期间的猝倒病引致的烂种、烂芽。

喷雾：瓜类、蔬菜幼苗出土后、或2叶1心、或发病初期，可用66.5%露洁（霜霉威盐酸盐）水剂1~2袋（20~40克），兑15千克水喷洒幼苗和床面，预防救治猝倒病、疫病、霜霉病、晚疫病等低等真菌病害。

八、京彩、农精灵

京彩、农精灵的通用名称为苯甲·嘧菌酯。京彩的有效成分含量32.5%（苯醚甲环唑12.5%、嘧菌酯20%）；农精灵的有效成分含量48%（苯醚甲环唑18%、嘧菌酯30%）。剂型均为悬浮剂，毒性均为低毒。

1. 产品性能

京彩、农精灵由嘧菌酯与苯醚甲环唑科学配伍而成，具有保护、治疗和铲除作用，同时具有很强的渗透、内吸活性，还可促进植物生长。作用机理独特，不易产生抗药性，杀菌谱广，对四大类致病真菌（子囊菌、担子菌、半知菌和卵菌纲）中的绝大部分病原菌均有效，且适用于飞防。

2. 使用技术

防治多种瓜菜、葡萄、马铃薯、洋葱的霜霉病、疫病、晚疫病、绵疫病等低等真菌病害及炭疽病、蔓枯病、白粉病、早疫病、叶霉病、黑星病、黑痘病、白腐病等高等真菌病害，可于发病前、或发病初期，用32.5%京彩（苯甲·嘧菌酯）悬浮剂 10~15 毫升、或 48%农精灵（苯甲·嘧菌酯）悬浮剂 10 毫升，兑 15 千克水叶面均匀喷雾。

3. 注意事项

整个生长季节喷施次数不要超过 4 次，应与其他类型药剂交替使用；不要与乳油类农药和增渗剂混用。

九、明赞

明赞的通用名称为霜脲·氰霜唑，有效成分含量为 24%（霜脲氰 16%、氰霜唑 8%），剂型为悬浮剂，毒性为低毒。

1. 产品性能

明赞由两种作用机理不同的活性成分混配而成，具有保护和治疗双重功效，对马铃薯、番茄、人参果晚疫病及黄瓜霜霉病等低等真菌病害有优异的预防和治疗作用。

2. 使用技术

预防瓜菜、葡萄、马铃薯、洋葱等作物的晚疫病、霜霉病、疫病、绵疫病等低等真菌病害，可于易发病前用 24%明赞（霜脲·氰霜唑）悬浮剂 25 克，兑 15 千克水喷雾。

救治瓜菜、葡萄、马铃薯、洋葱等作物的晚疫病、霜霉病、疫病、绵疫病等低等真菌病害，可于发病初用 24%明赞（霜脲·氰霜唑）悬浮剂 33~50 克，兑 15 千克水喷雾。

十、立克多

立克多的通用名称为氟胺·氰霜唑，有效成分含量为 30%（氟啶胺 25%、氰霜唑 5%），剂型为悬浮剂，毒性为低毒。

1. 产品性能

立克多由吡啶类药剂与氰基咪唑类药剂科学配伍而成。具有很好的保护活性和一定的内吸治疗活性，持效期长，耐雨水冲刷，使用安全、方便，对疫病、霜霉病、晚疫病等卵菌纲真菌及灰霉病具有很高的生物活性，且可与其他杀菌剂、杀虫剂等混用。

2. 使用技术

洋葱疫病、霜霉病、灰霉病及马铃薯、番茄和人参果晚疫病、瓜类等霜霉病易发生前，可用30%立克多（氟胺·氰霜唑）悬浮剂15~20克，兑15千克水喷雾预防。发生初期，可用30%立克多（氟胺·氰霜唑）悬浮剂25~33克，兑15千克水喷雾。间隔7天再喷1次。

十一、盈恰

盈恰的通用名称为噁酮·霜脲氰，有效成分含量为52.5%（噁唑菌酮22.5%、霜脲氰30%），剂型为水分散粒剂，毒性为低毒。

1. 产品性能

盈恰由噁唑菌酮和霜脲氰混配而成。具有保护和内吸治疗作用，其特点是杀菌谱广、内吸性强、持效期长、耐雨水冲刷，对黄瓜霜霉病等卵菌纲病害都有作用。

2. 使用技术

防治黄瓜、洋葱和葡萄霜霉病，番茄、人参果和马铃薯晚疫病，辣椒和瓜类疫病及茄子绵疫病等，可于病害易发生前、或发病初期，用52.5%盈恰（噁酮·霜脲氰）水分散粒剂10克，兑15千克水喷雾防治。病害严重时，其用药剂量可适当增加，间隔5~7天用药1次。可与明赞、立克多等药剂交替使用。

十二、康莱

康莱的通用名称为烯酰·氰霜唑，有效成分含量为48%（烯酰吗啉40%、氰霜唑8%），剂型为悬浮剂，毒性为低毒。

1. 产品性能

康莱由烯酰吗啉与氰霜唑复配而成，一是配方独特，含量高；二是抗雨淋，除病快；三是保护好，治疗强；四是抗逆境，健植株。可用于葡萄、黄瓜、甜瓜、洋葱等作物霜霉病，马铃薯、番茄、人参果等作物晚疫病，辣椒、黄瓜等作物疫病，茄子绵疫病等低等真菌病害的防治。

2. 使用技术

病害易发生前，可用48%康莱（烯酰·氰霜唑）悬浮剂1袋（10克），兑15千克水喷雾预防。病害发生后，可用48%康莱（烯酰·氰霜唑）悬浮剂1~1.5袋（10~15克），兑15千克水喷雾救治。病害发生较重时，可用48%康莱（烯酰·氰霜唑）悬浮剂2袋（20克），兑15千克水喷雾救治。

十三、优绘

优绘的通用名称为精甲·嘧菌酯，有效成分含量为39%（精甲霜灵10.6%、嘧菌酯28.4%），剂型为悬浮剂，毒性为低毒。

1. 产品性能

精甲霜灵能有效干扰RNA的合成，达到防治病原菌的目的。嘧菌酯作用于病原菌的线粒体呼吸、破坏能量的形成，从而抑制病原菌的生长或杀死病原菌。杀菌谱广，兼具保护治疗作用，且具有很好的安全性和环境相容性。

2. 使用技术

防治花卉、瓜类、葡萄、洋葱等作物霜霉病，番茄、人参果、马铃薯等作物晚疫病及辣椒、黄瓜、洋葱等作物疫病，茄子绵疫病等低等真菌病害，可于易发病前、或发病初期，用39%（精甲·嘧菌酯）悬浮剂5~10克，兑15千克水均匀喷雾。两次喷雾间隔时间7~10天。

十四、聚亮

聚亮的通用名称为锰锌·嘧菌酯，有效成分含量75%（代森锰锌70%、嘧菌酯5%），剂型为可湿性粉剂，毒性为低毒。

1. 产品性能

聚亮兼具保护和治疗作用，对于低等真菌引起的霜霉病、疫病、晚疫病等具有较好的预防、救治效果。

2. 使用技术

防治瓜类、葡萄、洋葱等作物霜霉病，番茄、人参果、马铃薯等作物晚疫病及辣椒、黄瓜、洋葱等作物疫病等低等真菌病害，可于易发病前、或发病初期，用75%聚亮（锰锌·嘧菌酯）可湿性粉剂20~40克，兑15千克水均匀喷雾。施药间隔期7~10天。

十五、霜霉疫净、妥冻

霜霉疫净、妥冻的通用名称为霜脲·锰锌，有效成分含量为72%（霜脲氰8%、代森锰锌64%），剂型为可湿性粉剂，毒性为低毒。

1. 产品性能

本品具有快速的渗透能力、良好的内吸性和重新分布活性、保护加治疗双重功效、毒性低、对作物安全等特点，可用于疫霉病、霜霉病、晚疫病、疫病的预防、救治。

2. 使用技术

防治瓜菜、葡萄、娃娃菜、青笋、洋葱等作物的霜霉病、晚疫病、疫病等低等真菌病害，于病害发生前或发生初期，可用72%霜霉疫净（霜脲·锰锌）可湿性粉剂30~50克、或72%妥冻（霜脲·锰锌）可湿性粉剂30~50克，兑15千克水喷雾防治。应与其他杀菌剂轮换使用。

十六、邦超

邦超的通用名称为烯酰·噻霉酮，有效成分含量为80%（烯酰吗啉72%、噻霉酮8%），剂型为水分散粒剂，毒性为低毒。

1. 产品性能

邦超由烯酰吗啉与噻霉酮混配而成。8%噻霉酮是目前国内登记最高剂量制剂，可有效防治细菌性病害；烯酰吗啉对晚疫、霜霉、绵疫、疫病等低等真菌病害治疗效果优异。两者混配，对低等真菌病害、细菌性病害更专业，尤其是田间多种病害混发，优势更明显。

2. 使用技术

瓜类、蔬菜、葡萄等作物晚疫病、霜霉病、疫病、绵疫病等低等真菌及斑疹病、角斑病、酸腐病、软腐病等细菌性病害发生前、或发病初期，可用 80% 邦超（烯酰·噻霉酮）水分散粒剂 15~20 克，兑 15 千克水喷雾。间隔 7~10 天喷 1 次，最多喷施 2 次。

十七、明迪

明迪的通用名称为异菌·氟啶胺，有效成分含量为 40%（异菌脲 20%、氟啶胺 20%），剂型为悬浮剂，毒性为低毒。

1. 产品性能

氟啶胺属全新的 2,6-二硝基苯胺类杀菌剂，它通过阻止病原菌高能化合物（ATP）的形成而发挥抑菌、杀菌活性。异菌脲是二甲酰亚胺类高效广谱、触杀性杀菌剂，其作用机制为抑制病原菌蛋白激酶而起作用。二者混配具有极显著的增效作用，扩大杀菌谱、提高杀菌活性、减少用药量，可有效防治菌核病、灰霉病等真菌病害。

2. 使用技术

油菜、向日葵、白菜菌核病及蔬菜灰霉病发生初期，可用 40% 明迪（异菌·氟啶胺）悬浮剂 20~30 克，兑 15 千克水全株均匀喷雾。间隔 7~10 天喷 1 次，连喷 1~2 次。

3. 注意事项

本品对瓜类作物有药害，瓜田禁用。不能与碱性物质混用。为延缓抗药性产生，应与其他不同作用机理的杀菌剂交替使用。

十八、卉友

卉友的通用名称为咯菌腈，有效成分含量为 50%，剂型为可湿性粉剂，毒性为低毒。

1. 产品性能

咯菌腈为非内吸苯吡咯类杀菌剂，杀菌谱广、稳定性好、持效期长、混配性好，与其他已知的杀菌剂没有交互抗性，对子囊菌、担子菌、半知菌等许多病原菌引起的灰霉病及立枯病、根腐病、枯萎病等种传、土传病害有非常好的防效。

2. 使用技术

喷雾：花卉、瓜菜等作物灰霉病发生前、或发生初期，可用50%卉友（咯菌腈）可湿性粉剂1袋（3克），兑15千克水喷雾。

蘸花：可在配好的1千克蘸花激素药液中，加入50%卉友（咯菌腈）可湿性粉剂0.1克，混匀后蘸（喷、点）花，以预防灰霉病。

灌根：防治立枯、根腐、枯萎等土传病害，育苗期可用50%卉友（咯菌腈）可湿性粉剂1袋（3克），兑15千克水对幼苗灌根；定植后、或发病初期，可用50%卉友（咯菌腈）可湿性粉剂1袋（3克），兑15千克水灌根，每株灌150毫升药液。

十九、赛德福

赛德福的通用名称为嘧环·咯菌腈，有效成分含量为62%（咯菌腈25%、嘧菌环胺37%），剂型为水分散粒剂，毒性为低毒。

1. 产品性能

赛德福兼具保护和治疗活性，持效期长。两种有效成分的作用机理互不相同，故不仅可以防治对已知杀菌剂产生抗性的病害，还可以延缓抗药性产生。

2. 使用技术

防治花卉、瓜类、蔬菜灰霉病，于易发病前、或发病初期，可用62%赛德福（嘧环·咯菌腈）水分散粒剂5~10克，兑15千克水全株均匀喷雾。间隔7~10天喷1次，连喷2~3次。避免与乳油类农药产品混用。

二十、世顶

世顶的通用名称为嘧霉·啶酰菌，有效成分含量为 40%（嘧霉胺 20%、啶酰菌胺 20%），剂型为悬浮剂，毒性为微毒。

1. 产品性能

嘧霉胺属苯氨基嘧啶类杀菌剂，具有治疗和保护、内吸与熏蒸作用。啶酰菌胺属苯胺类杀菌剂，具有抑制病原菌体呼吸的作用机制和广谱的杀菌活性。二者混配可有效防治多种作物的灰霉病、菌核病。

2. 使用技术

防治瓜类、蔬菜、葡萄等灰霉病，于易发病前、或发病初期，可用 40%世顶（嘧菌·啶酰菌）悬浮剂 30 克，兑 15 千克水全株均匀喷雾。

二十一、蓝楷

蓝楷的通用名称为唑醚·啶酰菌，有效成分含量为 38%（吡唑醚菌酯 12.8%、啶酰菌胺 25.2%），剂型为悬浮剂，毒性为微毒。

1. 产品特点

蓝楷由吡唑醚菌酯与啶酰菌胺复配而成。具有较强的内吸、渗透、传导性，兼具保护和治疗作用，且广谱、长效、低毒 ，对作物安全。可用于多种作物白粉病、灰霉病的防治。

2. 使用技术

防治瓜类、蔬菜、葡萄等作物白粉病、灰霉病等真菌病害，于易发病前、或发病初期，可用 38%蓝楷（唑醚·啶酰菌）悬浮剂 15~20 克，兑15 千克水全株均匀喷雾。间隔 7~10 天喷 1 次，连喷 2~3 次。

二十二、施灰乐

施灰乐的通用名称为嘧霉胺，有效成分含量为 40%，剂型为悬浮剂，毒性为低毒。

1. 产品特点

施灰乐属苯氨基嘧啶类杀菌剂，具有治疗和保护、内吸与熏蒸作用，且悬浮率高、黏着性好、耐雨水冲刷、持效期较长，适合不同水质地区使用，尤其在低温时用药效果很好。可用于防治各种瓜类、蔬菜及葡萄的灰霉病、菌核病。

2. 使用技术

蘸花时可在配制好的 1 千克蘸花液中加入 40% 施灰乐（嘧霉胺）悬浮剂 3 毫升混匀后蘸（点、喷）花；灰霉病发生初期，可用 40% 施灰乐（嘧霉胺）悬浮剂 1/3 瓶（33 克），兑 15 千克水喷雾，每隔 7~10 天喷 1次。番茄、辣椒灰霉病病茎部可用 40% 施灰乐（嘧霉胺）悬浮剂 5 毫升，加水 0.5 千克，与面粉配制成糊状药液，刮掉病疤后涂抹救治。

3. 注意事项

茄子、架豆上慎用。最好与其他不同作用机理的药剂轮换使用。

二十三、道合

道合的通用名称为啶酰菌胺，有效成分含量为 50%，剂型为水分散粒剂，毒性为低毒。

1. 产品特点

道合属苯胺类杀菌剂，具有抑制病原菌体呼吸的作用机制和广谱的杀菌活性，可通过根部吸收发挥，对黄瓜等作物灰霉病害具有防治作用。

2. 使用技术

防治黄瓜、番茄、辣椒等作物及葡萄、草莓的灰霉病，可于发病初期，用 50% 道合（啶酰菌胺）水分散粒剂 1 袋（15 克），兑 15 千克水喷雾，间隔期 7 天。应与其他不同作用机制的杀菌剂轮换使用。

二十四、悦购

悦购的通用名称为腐霉利，有效成分含量为 50%，剂型为可湿性粉剂，毒性为低毒。

1. 产品特点

悦购有内吸活性，能向新叶传导，具保护和治疗作用，常用于瓜类、蔬菜、葡萄、向日葵等灰霉病、菌核病、花腐病等病害的预防、救治。

2. 使用技术

防治温室瓜菜作物灰霉病、菌核病，可用 50% 悦购（腐霉利）可湿性粉剂 1/3 袋（33 克），兑 15 千克水喷雾。

防治向日葵根腐型菌核病，可用 50% 悦购（腐霉利）可湿性粉剂 300~400 克于现蕾后随水冲施。防治向日葵茎腐型、盘腐型、叶腐型菌核病及娃娃菜菌核病，可用 50% 悦购（腐霉利）可湿性粉剂 1/3 袋（33 克），兑 15 千克水喷雾。

3. 注意事项

药剂配好后要尽快喷用，不要长时间放置；不要与碱性药剂、肥料混用，也不要与有机磷农药混配；为延缓抗性产生，应与其他不同作用机理的杀菌剂轮换使用；在幼苗、弱苗、高温高湿条件下喷药，以及对番茄喷洒时，其浓度要偏低，以避免药害产生。

二十五、秀灿

秀灿的通用名称为肟菌·戊唑醇，有效成分含量为 75%（肟菌酯 25%、戊唑醇 50%），剂型为可湿性粉剂，毒性为低毒。

1. 产品特点

秀灿具有高效、广谱、保护、治疗、铲除、渗透、内吸活性高、耐雨水冲刷、持效期长、防治效果优异等特性，可用于番茄、黄瓜、辣椒、甜瓜、西瓜、人参果等瓜菜作物及玉米、麦类、药材、葡萄等的白粉病、叶霉病、叶斑病、锈病、早疫病、炭疽病、蔓枯病等多种真菌病害的预防与救治。

2. 使用技术

发病前、或发病初期用 75% 秀灿（肟菌·戊唑醇）可湿性粉剂 1 袋（10 克），兑 15 千克水喷雾。防治瓜类蔓枯病，可用 75% 秀灿（肟菌·戊唑醇）可湿性粉剂 1 克，兑 500 克水稀释后与面粉拌成稠糊状涂抹病部。

二十六、翠富、翠果

翠富、翠果的通用名称为戊唑醇。翠富的有效成分含量为 43%，剂型为悬浮剂；翠果的有效成分含量为 80%，剂型为水分散粒剂。毒性均为低毒。

1. 产品特点

翠富、翠果属广谱性杀菌剂，具有内吸、治疗、保护作用，杀菌谱广、活性高、使用剂量低、持效期长，可用于防治多种作物及葡萄的锈病、白粉病、叶霉病、早疫病、蔓枯病、炭疽病、黑痘病、白腐病和玉米瘤黑粉病、小麦赤霉病、苹果斑点落叶病和褐斑病等多种高等真菌病害。

2. 使用技术

靶标病害发生前、或发病初期，可用 43%翠富（戊唑醇）悬浮剂 6~12 毫升、或 80%翠果（戊唑醇）水分散粒剂 8 克，兑 15 千克水喷雾，视病情 7~10 天再喷 1 次。

3. 注意事项

使用时要严格掌握剂量，瓜类、蔬菜苗期应减半使用；不能与碱性农药混用。

二十七、康秀

康秀的通用名称为吡唑醚菌酯，有效成分含量为 25%，剂型为悬浮剂，毒性为低毒。

1. 产品性能

康秀属甲氧基丙烯酸酯类杀菌剂。具有保护、治疗、铲除、渗透、强内吸及耐雨水冲刷作用；也具有植物健康作用，增加叶绿素含量，提高光合效能，降低植物呼吸作用，提高植物抗逆性，改善品质，可用于白粉病、紫斑病、褐斑病等多种真菌病害的防治。

2. 使用技术

防治瓜菜等作物的白粉病、斑枯病等真菌病害，可于发病前、或发病初期用 25%康秀（吡唑醚菌酯）悬浮剂 10~15 克，兑 15 千克水全株均匀喷雾。

防治洋葱紫斑病，可于发病前、或发病初期用 25%康秀（吡唑醚菌酯）悬浮剂 15~20 毫升，兑 15 千克水均匀喷雾。既能治病，又能护叶保绿。

二十八、益卉

益卉的通用名称为苯并烯氟菌唑·嘧菌酯，有效成分含量为 45%（苯并烯氟菌唑 15%、嘧菌酯 30%），剂型为水分散粒剂，毒性为低毒。

1. 产品性能

益卉具有优异的渗透、内吸传导活性和保护、治疗、铲除作用，且广谱、高效、持效期长，是目前最具有潜力的广谱型杀菌剂，对各种作物的多种真菌纲（子囊菌纲、担子菌纲、卵菌纲和半知菌类）病害均有良好的防治效果。

2. 使用技术

防治瓜类、蔬菜、花卉、药材、葡萄等作物的白粉病、炭疽病、霜霉病、疫病、灰霉病、黑斑病等，可于发病前、或发病初期，用 45%益卉（苯并烯氟菌唑·嘧菌酯）水分散粒剂 5 克，兑 15 千克水全株喷雾。病害较重时，可用 45%益卉（苯并烯氟菌唑·嘧菌酯）水分散粒剂 10 克，兑 15 千克水全株喷雾。

防治洋葱疫病、霜霉病、灰霉病、紫斑病及娃娃菜、青笋等作物的霜霉病、褐斑病等，可于发病前、或发病初期用 45%益卉（苯并烯氟菌唑·嘧菌酯）水分散粒剂 5~10 克，兑 15 千克水全株喷雾。

二十九、扫细

扫细的通用名称为琥胶肥酸铜，有效成分含量为 30%，剂型为悬浮剂，毒性为低毒。

1. 产品性能

扫细为丁二酸、戊二酸和己二酸络合铜的混合物，三种成分均可防治病原菌，且化学性质稳定，对植物生长有刺激作用。

2. 使用技术

喷施：防治温室作物溃疡病、青枯病、髓部坏死病及洋葱、娃娃菜等蔬菜的软腐病，可于发病前、或发病初期用30%扫细（琥胶肥酸铜）悬浮剂25~50克，兑15千克水喷雾。

冲施：防治温室番茄溃疡病，结合灌水，8~10间棚可用30%扫细（琥胶肥酸铜）悬浮剂1瓶（1000克）与适量水稀释后随水冲施。防治洋葱、娃娃菜、青笋等作物软腐病，可于发病初期每亩用30%扫细（琥胶肥酸铜）悬浮剂1瓶（1000克），与适量水稀释后随水冲施。

三十、科献

科献的通用名称为中生菌素，有效成分含量为3%，剂型为可湿性粉剂，毒性为中等毒。

1. 产品特点

中生菌素属N–糖苷类生物源抗生素，内吸性较强、持效期较长，具有保护、治疗作用，对农作物的细菌性病害及部分真菌病害具有很高的活性。

2. 使用技术

防治黄瓜角斑病、番茄溃疡病、洋葱和娃娃菜软腐病等细菌性病害，可用3%科献（中生菌素）可湿性粉剂20~30克，兑15千克水喷雾。本品不能与碱性物质混用。

三十一、镇卫

镇卫的通用名称为春雷霉素，有效成分含量为4%，剂型为水剂，毒性为低毒。

1. 产品性能

镇卫属农用抗生素低毒杀菌剂，具有较强的内吸渗透性，对农作物多种细菌和真菌性病害具有预防和治疗作用。

2. 使用技术

防治黄瓜角斑病、番茄斑疹病、马铃薯黑胫病及洋葱、娃娃菜、青笋软腐病等细菌性病害，可用4%镇卫（春雷霉素）水剂30毫升，兑15千克水喷雾。本品不能与碱性物质混用。大豆对其较敏感，勿用。

三十二、涂园清

涂园清的通用名称为春雷·喹啉铜，有效成分含量为33%（春雷霉素3%、喹啉铜30%），剂型为悬浮剂，毒性为低毒。

1. 产品特点

涂园清是春雷霉素与喹啉铜混配而成的杀菌剂。保护、治疗兼备，具有较强的内吸性，对真菌性、细菌性病害均具有良好的预防和治疗作用。

2. 使用技术

防治番茄溃疡病、番茄斑疹病、黄瓜角斑病及洋葱、娃娃菜、青笋等作物软腐病，可用33%涂园清（春雷·喹啉铜）悬浮剂30克，兑15千克水喷雾。

3. 注意事项

本品不可与呈碱性的农药等物质混合使用；大豆对其较敏感，勿用。

三十三、克毒宝

克毒宝的通用名称为烯·羟·吗啉胍，有效成分含量为40%（烯腺嘌呤0.002%、羟烯腺嘌呤0.002%、吗啉胍39.99%），剂型为可溶性粉剂，毒性为低毒。

1. 产品性能

克毒宝是一种低毒病毒防治剂。通过抑制或破坏核酸和脂蛋白的形成、阻止病毒的复制过程而起到防治病毒作用。并能刺激植物细胞分裂，促进叶绿素合成，提高作物抗病、抗衰、抗寒能力。

2. 使用技术

防治番茄、辣椒、洋葱等作物病毒病，可用40%克毒宝（烯·羟·吗啉胍）可溶性粉剂15~25克，兑15千克水全株喷雾。建议与阿泰灵等混合使用。

三十四、中保鲜彩

中保鲜彩的通用名称为宁南霉素，有效成分含量为8%，剂型为水剂，毒性为低毒。

1. 产品性能

宁南霉素属于胞嘧啶核苷肽型广谱抗生素杀菌剂，具有预防、治疗作用。可延长病毒潜预期、破坏病毒粒体结构、降低病毒粒体浓度、提高植株抗病毒能力。还可诱导植物体产生抗性蛋白，提高植株的免疫力。

2. 使用技术

防治番茄、辣椒、人参果、西葫芦等作物的病毒病，可于定植缓苗后、或发病初期，用8%中保鲜彩（宁南霉素）30~50毫升，兑15千克水喷雾。7~10天喷1次，连喷2~3次。

三十五、冠蓝

冠蓝的通用名称为枯草芽孢杆菌，有效成分1000亿芽孢/克，剂型为可湿性粉剂，毒性为低毒。

1. 产品特点

本品含量高，活性强，每克药剂稀释24小时后，含量超过1000亿活芽孢，对灰霉病、白粉病、根腐病等具有良好的防治效果。

2. 使用技术

防治瓜菜等作物的白粉病、灰霉病等叶部病害，可用1000亿芽孢/克冠蓝（枯草芽孢杆菌）可湿性粉剂25~30克，兑15千克水喷雾。

防治洋葱等作物枯萎病、根腐病等根部病害，每亩可用1000亿芽孢/

克冠蓝（枯草芽孢杆菌）可湿性粉剂 250~500 克，随水冲施。

第三节　调节剂

一、金喷旺

金喷旺的通用名称为烯腺·羟烯腺，有效成分含量为 0.0025%（羟烯腺嘌呤 0.001%、烯腺嘌呤 0.0015%），剂型为可溶性粉剂，毒性为低毒。

1. 产品特点

本品属绿色生长调节剂。作用机理为刺激植物细胞分裂，促进叶绿素形成，加速植物新陈代谢和蛋白质的合成，从而在较短时间内即可达到增强植物生长势的作用。同时能提高植物抗病抗旱防寒能力、促进作物增产。

2. 使用技术

蔬菜、经济作物、粮食作物、药用作物、果树等生长期，可用 0.0025%金喷旺（烯腺·羟烯腺）可溶性粉剂 1 袋（20 克），兑 15 千克水喷雾。7~10 天喷 1 次，连喷 3~4 次。

二、农通达

农通达的通用名称为 24-表芸苔素内脂，有效成分含量为 0.01%，剂型为可溶液剂，毒性为低毒。

1. 产品特点

本品属于甾醇类植物生长调节剂，具有促使植物细胞分裂和延缓的双重效果，可促进作物根系的发达、增强光合作用、提高作物叶绿素含量、促进作物新陈代谢、辅助作物劣势部分的良好生长，从而达到均衡生长之目的。

2. 使用技术

植物遭受盐碱危害、除草剂等药害、肥害、低温冷害、高温伤害及长势弱时，可用 0.01%农通达（24-表芸苔素内酯）可溶液剂 10 毫升，兑

15 千克水全株均匀喷雾。

三、利果靓

利果靓的通用名称为 14-羟芸·胺鲜酯，有效成分含量为 8%（14-羟基芸苔素甾醇 0.01%、胺鲜酯 7.99%），剂型为水剂，毒性为低毒。

1. 产品性能

本品为植物生长调节剂，对植物具有较好的调节生长、促进增产的作用。

2. 使用技术

白菜等作物苗期、生长中期，可用 8% 利果靓（14-羟芸·胺鲜酯）水剂 5 毫升，兑 15 千克水喷雾。

第四节　生理性障碍调理物质

一、钙尔美

钙尔美属高效多元素悬浮钙，其中每升含纯钙 160 克，且吸收率远高于固体钙肥，并可以与大多数农药混用。有效预防娃娃菜干烧心、茄果类脐腐病、葡萄及西瓜裂果等生理性病害；提高花粉活力，保花保果，减少番茄顶裂果、空腔果、青背果等畸形果率；提高葡萄、番茄等果实含糖量，改善口感；改善果实表面光洁度，显著延长果实保鲜期。

喷施：棚室作物、或大田娃娃菜、洋葱等，可用钙尔美 10~20 克，兑15 千克水全株均匀喷雾，间隔 7~10 天喷 1 次，连续喷 3~4 次。

滴灌：棚室瓜菜及娃娃菜等大田作物，可结合灌水每亩用钙尔美500~1000 克与水稀释后随水冲施。

二、戴乐藻靓

本品每升含钙 80 克、镁 20 克、锌 1 克、硼 1 克、酶解海藻 600 克。

能改善根系活力，促进花芽分化，增加果实甜度及叶片果实亮度，延长采收期，提高作物抗旱、抗寒能力。

温室作物及娃娃菜、洋葱等作物生长期，可用戴乐藻靓 20 克，兑 15 千克水喷雾。整个生育期可使用 2~3 次。

三、戴乐硼

本品为流体液体硼肥，每升含硼 150 克，且全溶于水，其吸收利用率大大高于固体硼肥。可与多种农肥、农药混合使用。能够防治缺硼引致花蕾发育不良、落花落果等生理性病害。

温室瓜菜、油菜、向日葵等作物的蕾期、花期，可用戴乐硼 15~20 克，兑 15 千克水喷雾。7~10 天喷 1 次，连喷 2~3 次。

四、满园花

本品每升含五氧化二磷 435 克、氧化钾 35 克、锌 120 克及铁、锰、铜、硼各 1 克。可促进花芽分化及花和子房发育，增加花蕾、增长花穗、提高坐果率、减少落花落果。促进根系发育和土壤中养分的吸收利用。

温室瓜菜作物苗期、花期及低温易缺磷时段，可用满园花 20 克，兑 15 千克水喷雾。7~10 天喷 1 次，连喷 2~3 次。与戴乐硼混用，涵养花蕾的效果更好。

五、扶元液

本品每升含镁 120 克并配比合理的钙、铁、铜、锌、硼。可缓解缺镁引致的黄叶症，提高作物光合效率及抗病能力，保绿，延缓早衰。

温室及露地作物生长期间、或发生缺镁症状初期，可用扶元液 20 克，兑 15 千克水喷雾。7~10 天喷 1 次，连喷 2~3 次。也可 20 间左右温室冲施扶元液 1000 克，补镁效果更好。

六、香巴拉

香巴拉含腐殖酸钾≥3%，B+Fe+Zn≥6%。螯合态，易吸收。可增强抗逆性能，缓解药害，解除果实残留毒害；刺激作物生长，提高坐果率，促早熟，防早衰，增加瓜果甜度，减少裂果。

作物苗期、拔节期、开花期、坐果期、膨大期等生育期，可用香巴拉1袋（20克），兑15千克水喷雾。间隔10天左右喷1次，连喷2~3次。

七、戴乐威旺

戴乐威旺的主要技术指标：SiO_2≥350克/升、K_2O≥230克/升。硅能促进养分平衡吸收，提高作物叶绿素含量和光合效率，增强作物茎秆的机械强度，提高作物的抗倒伏能力及抗旱、抗干热风、抗寒等抗逆能力，有效平衡土壤酸碱度，激活土壤中的有机质等营养成分，预防作物根系腐烂和早衰。

玉米、小麦拔节期及洋葱促秧期，可用戴乐威旺25~30毫升，兑15千克水喷雾，7~10天喷1次，连喷2次，可有效预防植株倒伏或叶片倒折。

温室作物苗期，20间可随水冲施戴乐威旺1000克，以调理酸性土壤酸碱值，促进根系发育。

温室蔬菜、瓜类作物生长期间，可用戴乐威旺1袋（25毫升），兑15千克水喷雾，间隔10~15天喷1次。

八、戴乐能量

本品系高纯度磷酸二氢钾（KH_2PO_4≥99%），其中氧化钾（K_2O）≥34%，五氧化二磷（P_2O_5）≥52%。适合果实发育阶段和膨大阶段使用。

温室茄果类、瓜类10间可冲施戴乐能量1千克，露地洋葱、马铃薯、辣椒等每亩可冲施戴乐能量1~2千克。玉米和麦类籽粒灌浆期、瓜菜和葡萄果实膨大期、洋葱鳞茎膨大期、马铃薯块茎膨大期，可用戴乐能量

20~30 克，兑 15 千克水喷施，连喷 2~3 次，间隔期 7~10 天。

九、禾丰铁

禾丰铁每升含铁 60 克，吸收速度快、利用率高，可有效补充铁营养，防治因缺铁产生的黄叶、早衰、品质下降等现象。

喷施：辣椒、番茄、葡萄等发生黄叶症前、或初期，可用禾丰铁 1 袋（15 毫升），兑 15 千克水喷雾，5~7 天喷 1 次，连喷 3~4 次。

灌根：葡萄缺铁症发生初期，可用禾丰铁 1 袋（15 毫升），兑 15 千克水浇灌 10 株左右葡萄。

十、脉滋

本品含钙 30%。可诱导增加叶绿素，强化光合能力；平衡营养，不徒长；植株健壮，不早衰；激发潜能，抗逆境；高产优质，上市早。

本品使用于作物的整个生育期，越早效果越显著。温室作物建议从移栽缓苗后开始使用，10~15 天使用 1 次，整个生育期使用2~4 次。苗期可用脉滋半袋（25 克），兑 15 千克水叶面均匀喷雾。成株期可用脉滋 1 袋（50 克），兑 15 千克水叶面均匀喷雾。喷施脉滋后，短时间内会在叶片表面留下白色附着物，为产品特有的稀释成分，可以持续被作物吸收利用。

十一、果彤红

果彤红以诱导增加花青苷含量的生理增色原理，区别于传统激素类催熟增色剂。不含激素，用后果实膨大快、着色均匀、果面光洁、成熟整齐、不变绵、耐储运，可大幅度提高商品率。

温室、大棚番茄可于 5~6 爪、头打掉后、第二次药后 7 天，各喷一次果彤红+威旺+钙尔美、或果彤红+戴乐藻靓。

温室红提葡萄开始转色后，可用果彤红 1 袋（7.5 克），兑 15 千克水全株均匀喷雾。间隔 10~15 天再喷 1 次。果彤红可以和防病药剂混用。

十二、薯黄金

薯黄金不但富含磷钾镁锌钙，最主要的是含有马铃薯所必需、且易缺乏的锰和钼，适时喷施能让马铃薯生长稳健、块茎又大又整齐！增产效果显著。

马铃薯块茎形成期、块茎膨大期，可用薯黄金 10~20 毫升，兑 15 千克水喷雾。薯黄金可以和防治马铃薯晚疫病、早疫病的药剂混用。

十三、植物生命源

植物生命源是引进英国成熟配方及海蛇活肽技术，提取深海肽原液，引入"杀菌+免疫+营养+调节"的新型植保观念，螯合世界先进的祛病赋和因子创制而成，具有强大的营养助长及修复治疗功能，可促根壮苗膨果，提高抗寒、抗早衰、抗重茬能力，缓解药害、冷冻害、肥害等效果显著。

温室瓜菜及娃娃菜、洋葱等作物生长不良、或发生收头、或药害冷害初期，可用植物生命源 30 毫升，兑 15 千克水均匀喷雾。最好与阿泰灵混用，效果更好。

十四、秀尔碧绿

秀尔碧绿富含芸苔素赤霉酸因子，能使有益微生物菌群数量增加，平衡植物营养，有利根系发育，且能激发植物潜能，解决植物缺乏微量元素引起的黄叶、烂根、裂果等问题，从而提高作物抗病、抗重茬、抗寒、抗旱能力。

温室瓜菜及娃娃菜、洋葱等作物生长不良、或发生收头、或药害冷害初期，结合喷药可用秀尔碧绿 20 毫升，兑 15 千克水，茎叶均匀喷雾。

十五、暖冬防冻液

暖冬系新型细胞膜稳定剂。采用分离螯合技术研制而成，富含海藻多糖及低聚糖、酚类多聚化合物、甘露醇、甜菜碱、有机碘等各种中微量元素。在寒流来临时，喷施暖冬防冻液，能够提高作物抗寒能力，有效地减轻冻害的发生。作物受害后，及时喷施暖冬防冻液，可增强作物细胞活性，修复作物受伤细胞，对轻度受害作物有较好的修复作用。

温室大棚及洋葱、娃娃菜、青笋、菜花、马铃薯、辣椒等作物苗期，可于寒流来临前、或寒流结束后，用暖冬防冻液 15~20 毫升兑 15 千克水全田均匀喷雾。间隔 5 天再喷 1 次。最好与阿泰灵、或金喷旺、或农通达等药剂混用效果更好。

十六、喜纽

喜纽是新一代纯营养安全控梢控秧平衡剂，富含氮磷钾、海藻钙镁、维生素、甜菜碱、海藻多酚等有益元素，通过螯合工艺与海藻生物刺激素深度融合，相互促进，协调作物体内代谢平衡，保障作物营养生长与生殖生长的平衡，控旺不控果是其最大的特点。

温室茄果瓜类，为预防徒长，可于开花前用喜纽 33~50 毫升，兑 15 千克水均匀喷雾，间隔 10 天左右再喷施 1 次。露地青笋等蔬菜可于旺长前，用喜纽 50 毫升，兑 15 千克水均匀喷雾，间隔 7~10 天左右再喷施 1 次。

十七、中保喷旺

本品为独特的高活性科技增效因子组合，富含中国农科院植保所专家全新研制而成的纯天然绿色植物生长调节物质，添加了多种活性分散渗透因子、细胞复活剂等。具有壮根、促长、提高免疫力、防治落花落果、着色靓果等功效。

洋葱、娃娃菜、辣椒等作物生长期，可用中保喷旺 20~30 毫升，兑 15 千克水喷雾。

十八、华硕生根液

华硕全能速效生根液含有内源性生长素，可有效保养主根，加快萌发毛系根，形成发达根系；强化根系扩展能力，促进苗壮生长；提高植株抗病、抗重茬、抗逆能力。

苗床结合喷水，可用华硕全能速效生根液 15 毫升，兑 15 千克水喷淋，让肥液渗透苗盘基质为宜。作物定植后，可用华硕全能速效生根液 15 毫升，兑 15 千克水灌根，每株至少灌 1 纸杯肥液。

十九、神优

神优含钙 15%、镁 5.1%、硝态氮 11.8%、硼 1.5% 及微量元素整合体、养分促释增效剂，可大幅度提高植物吸收中微量元素的效率，有效预防作物因缺乏中微量元素而引起的黄叶、小叶、落花落果、烂根、死苗、早衰等病症及问题。

基施：温室瓜菜作物播种、或定植前，结合整地施肥每亩可用神优 2~4 千克与农肥、复合肥等混匀撒施地表后，旋匀即可。葡萄果实采摘后，每亩用神优 4~6 千克与复合肥等肥料混匀后，穴施、或沟施覆土。

冲施：温室瓜菜作物可于花期、膨果初期、果实着色初期，各随水追施 1 次神优，每亩每次 2~4 千克。温室葡萄果实膨大初期、转色期，各随水追施 1 次神优，每亩每次 2~4 千克。

二十、戴乐根喜多

戴乐根喜多富含挪威深海海藻活性物质，是一款优异的生态型功能性有机水溶肥。抑碱、促根、壮苗、抗逆等效果好。

温室、大棚，可结合浇灌缓苗水，20 间左右随水冲施戴乐根喜多 1 桶（5 千克）。洋葱、娃娃菜、辣椒等作物浇灌缓苗水、促秧水时，可用戴乐根喜多 1 桶（5 千克）冲施 2~2.5 亩地。

二十一、海力润

海力润富含多种小分子有机酸、进口高活性鲜藻萃取物及活性生长调节因子及锰、锌、硼等多种微量元素，具有抗重茬、抗寒、抗旱、防病抑菌、改良土壤、培肥地力、促根养根等功效。

洋葱、辣椒、娃娃菜等作物，结合浇灌缓苗水、或促秧水，可用海力润1桶（20千克）冲施4~5亩。洋葱浇灌膨果水时，海力润可与戴乐高钾、宝易高钾等高钾肥一并冲施。温室作物20~25间可冲施海力润1桶（20千克）。

二十二、微聚富里酸·钾

微聚富里酸·钾是有机食品、绿色食品的首选用肥。具有刺激、激活根系，提升叶绿素数量，增强作物多种抗性，活化土壤抗重茬，提高肥料利用率，提高产量等特点。

洋葱、娃娃菜、辣椒等移栽缓苗后，可用微聚富里酸·钾5克，兑水15千克喷雾。每次喷洒农药时，最好添加微聚富里酸·钾喷施，效果更好。结合灌水，60~70米²的温室，冲施微聚富里酸·钾2~3袋（400~600克）。

二十三、劲土冲施肥

以多种微生物和氮磷钾等养分为基础成分，并含有氨基酸、腐殖酸、甲壳素、鱼蛋白、海藻酸、核酸、荷尔蒙等多种活性物质，具有杀菌、养根、壮秧、膨果等功能，且全生育期都可冲施，连续施用效果更好！尤其是解决根系问题的效果特别突出。

温室、大棚作物因施肥、灌水不当，或感染根腐等病害而影响了根系发育，植株中下部叶缘黄枯、或温度稍高时植株发生萎蔫时，冲施劲土冲施肥1次，即可明显见效，连续冲施2次，可基本调理好。温室番茄、辣椒、茄子因根系活力弱而发生顶叶发黄症，可冲施劲土冲施肥+神优，即可调理好。温室番茄、辣椒、黄瓜、人参果等作物发生收头现象，冲施劲土冲施肥，喷施阿泰灵+植物生命源、阿泰灵+利护，即可调理好。

二十四、奥世康

本品含枯草芽孢杆菌有效活菌数 50 亿/毫升，并含矿源黄腐酸、氨基酸、中微量元素，具有抗重茬、防死苗、促生根、养土壤、补营养等特点。

温室番茄等作物生长期，或根腐病、枯萎病等发生初期，20 间左右的温室可随水冲施奥世康 1 桶（2 升）。间隔 1 次水再冲施 1 次为佳。洋葱苗出齐、浇灌第一水时，500 米² 左右的温室，可随水冲施奥世康1 桶（2 升）。本品勿与杀菌剂混用。如与化肥混合使用，请现混现用。

二十五、云展

云展具有超强的湿润性、渗透性、黏着性和内吸传导性，安全稳定，桶混性好，耐雨水冲刷。尤其在叶片蜡质层较厚的洋葱上，通过降低药液表面张力，减少接触角，提高农药利用率和防治效果，是农药田间现混现用的必选助剂。

云展可作为喷雾助剂加入杀虫剂、杀菌剂、除草剂、植物生长调节剂、叶面肥等喷雾。15 千克混配好的药液中，加入云展 5 克混匀即可喷雾。温室棚膜滴水严重时，可用云展 10 克，兑 15 千克水，仔细喷膜面。